Govindhan Maduraiveeran
Wei Jin
Manickam Sasidharan

Plataformas de sensores ambientais electroquímicos baseados em nanomateriais

Govindhan Maduraiveeran
Wei Jin
Manickam Sasidharan

Plataformas de sensores ambientais electroquímicos baseados em nanomateriais

ScienciaScripts

Imprint

Any brand names and product names mentioned in this book are subject to trademark, brand or patent protection and are trademarks or registered trademarks of their respective holders. The use of brand names, product names, common names, trade names, product descriptions etc. even without a particular marking in this work is in no way to be construed to mean that such names may be regarded as unrestricted in respect of trademark and brand protection legislation and could thus be used by anyone.

Cover image: www.ingimage.com

This book is a translation from the original published under ISBN 978-620-2-02232-3.

Publisher:
Sciencia Scripts
is a trademark of
Dodo Books Indian Ocean Ltd. and OmniScriptum S.R.L publishing group

120 High Road, East Finchley, London, N2 9ED, United Kingdom
Str. Armeneasca 28/1, office 1, Chisinau MD-2012, Republic of Moldova, Europe
Printed at: see last page
ISBN: 978-620-7-95348-6

ÍNDICE DE CONTEÚDOS

(I)   INTRODUÇÃO

Nos últimos anos, o desenvolvimento de métodos analíticos baseados em nanomateriais tem merecido uma atenção crescente para numerosas aplicações, incluindo a investigação biológica fundamental, a monitorização da saúde, o diagnóstico clínico, a análise farmacêutica, a segurança alimentar e a monitorização ambiental [1-4]. Devido às suas propriedades físico-químicas excepcionais, à elevada relação superfície/volume, à elevada capacidade de adsorção e reação e a outras propriedades benéficas não presentes nos materiais a granel, os nanomateriais têm servido como potenciais sondas analíticas que não só oferecem uma maior sensibilidade, como também proporcionam uma mudança de patamar para a análise do domínio molecular único [5-8].

Os nanomateriais com funcionalidades únicas criam um desenvolvimento promissor para novos sistemas analíticos que são facilmente accionados em caso de exposição a poluentes químicos emergentes, bem como para a monitorização ambiental em tempo real do ar, do solo e da água e para a segurança alimentar, com base na necessidade de proteger o ambiente e a saúde pública [9-11]. Devido às dimensões nanométricas, os nanomateriais possuem propriedades únicas, que podem ser utilizadas para conceber novas plataformas de sensores electroquímicos com maior sensibilidade, uma vez que proporcionam uma elevada relação área superficial/volume e podem ser adaptadas para melhorar a cinética do elétrodo.

Os nanomateriais de última geração, como as nanopartículas metálicas, os nanomateriais de óxidos metálicos, os nanomateriais de carbono, os polímeros e os biomateriais, contam-se entre os nanomateriais mais estudados devido às suas propriedades únicas. Levaram ao desenvolvimento de numerosos sistemas analíticos, incluindo aplicações biomédicas e ambientais. Os materiais nanocompostos oferecem um vasto campo de ação para o desenvolvimento de plataformas de sensores electroquímicos rápidos, económicos e altamente sensíveis, que podem servir como potenciais sistemas de sensores para a deteção de poluentes no local devido à sua estabilidade superior e recuperação completa em processos redox bioquímicos. As funcionalidades específicas dos materiais nanoestruturados podem ser facilmente fabricadas e ajustadas para aplicações específicas com os seus ambientes locais imediatos.

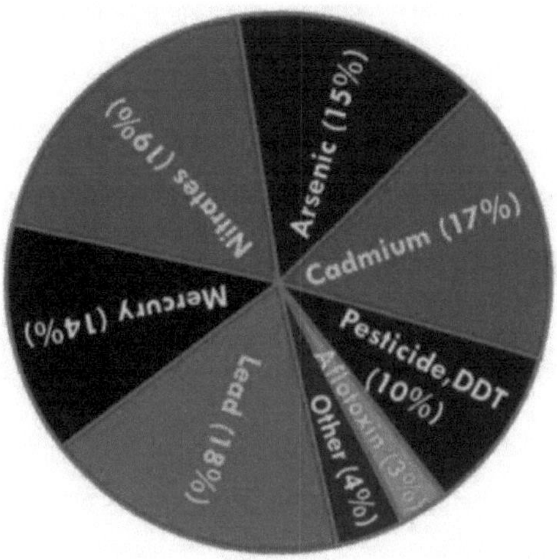

Fig. I.1. Ilustração esquemática dos contaminantes químicos em amostras de alimentos nas regiões seleccionadas. (Reproduzido com permissão da ref. 15. Copyright© 2014 Royal Society of Chemistry).

O interesse crescente pelos materiais de eléctrodos à base de nanomateriais proporciona uma investigação ativa e robusta, que se pode esperar que venha a fornecer tecnologias da próxima geração para aplicações ambientais, com vista a melhorar os métodos de deteção eletroquímica. O principal grupo de produtos químicos não regulamentados pode ser classificado, em termos gerais, como metais pesados, aniões inorgânicos, compostos fenólicos, pesticidas e reagentes de guerra química, que, cumulativamente, causam graves danos à saúde humana e ao ambiente. Os poluentes ambientais emergentes são um grande grupo de compostos não regulamentados, constituídos pela indústria, resíduos fecais humanos e animais, toxinas naturais, subprodutos da desinfeção da água potável, produtos de higiene pessoal, produtos farmacêuticos, materiais alimentares através de processos de preparação e embalagem de alimentos, etc.

Segundo consta, todos os anos são introduzidas no mercado dos EUA cerca de 700 novas substâncias químicas. Ao longo de algumas décadas, vários poluentes químicos têm sido investigados para efeitos de monitorização ambiental e segurança alimentar através de várias estratégias analíticas e o termo "emergente" centra a atenção principalmente nas substâncias químicas ou espécies biológicas da lista de compostos com atividade desreguladora do sistema endócrino. Suspeita-se que alguns dos poluentes promovam o cancro e outros têm sido associados a efeitos de desregulação endócrina *através da* cadeia alimentar [12-16]. Como mostra a Fig. I.1, é apresentado um gráfico claro dos principais contaminantes químicos nos alimentos da região selecionada. Devido à elevada mobilidade e globalização dos géneros alimentícios e das matérias-primas e resíduos associados, o controlo da poluição ambiental é uma tarefa extremamente difícil. Por conseguinte, o desenvolvimento de plataformas analíticas é uma solução alternativa ideal para detetar rapidamente os poluentes ambientais, de modo a iniciar rapidamente estratégias de correção.

Os métodos analíticos tradicionais habitualmente utilizados para a deteção e quantificação de poluentes químicos incluem a espetrometria de absorção atómica (AAS), a espetrometria de absorção atómica com chama (FAAS), a cromatografia gás/líquido-espetrometria de massa, a espetroscopia de emissão atómica com plasma indutivamente acoplado (ICP-AES), a espetroscopia de massa com plasma indutivamente acoplado (ICP-MS), a cromatografia líquida de alta resolução (HPLC) - deteção por ultravioleta (UV) e fluorescência (FL) e a reação quantitativa em cadeia da polimerase. Embora estas técnicas analíticas sejam muito sensíveis e quantitativas, requerem uma preparação demorada da amostra ou uma instrumentação complicada, pelo que são técnicas morosas. Além disso, a estabilidade das amostras de água natural durante o armazenamento e as medições a longo prazo também é posta em causa, uma vez que as amostras estão sujeitas a vários efeitos biológicos, químicos e físicos. Além disso, estes instrumentos são caros e é necessário um elevado nível de especialização para efetuar as experiências analíticas.

Devido às limitações supramencionadas, é altamente necessária a monitorização em tempo real e em linha de espécies químicas detectadas com um elevado grau de sensibilidade e resolução espacial. Os métodos electroanalíticos têm-se destacado em vários domínios, incluindo o diagnóstico, a análise ambiental, as ciências alimentares, a cinética enzimática e a farmacologia. Os métodos de deteção electroquímicos oferecem uma elevada sensibilidade e seletividade, uma vasta gama linear, uma resposta rápida, espaço e potência necessários e instrumentação de baixo custo. Nos últimos anos, os sensores electroquímicos e as plataformas de biossensores com a integração de materiais nanoestruturados têm sido tremendamente utilizados como ferramentas analíticas poderosas, cativando as vantagens como a facilidade de manuseamento, a relação custo-eficácia, a elevada sensibilidade e seletividade, a resposta rápida, o fabrico e a montagem simples. Além disso, os sensores electroquímicos podem ser integrados para a deteção simultânea de um ou vários poluentes. Os vários tipos de técnicas electroanalíticas utilizadas para a deteção de poluentes ambientais serão analisados em pormenor no capítulo II.

Os sensores electroquímicos podem ser classificados de acordo com a natureza da resposta obtida: métodos potenciométricos, amperométricos e condutométricos, nos quais o potencial, a corrente e a condutividade são medidos na interface do sensor, respetivamente. Todos os tipos de sensores consistem essencialmente num elemento de reconhecimento e num transdutor físico (elétrodo), enquanto o desempenho da deteção depende em grande medida das interacções entre a superfície do elétrodo e os analitos. Na perspetiva da deteção, a pequena dimensão e a grande superfície dos eléctrodos de deteção podem conduzir a respostas rápidas e a uma elevada sensibilidade às espécies-alvo. Além disso, as modificações da superfície e da forma de vários materiais de eléctrodos proporcionam um desempenho de ligação específico que permite uma deteção de contaminantes altamente selectiva, estável e sensível. Assim, têm sido dedicados esforços consideráveis ao desenvolvimento de novos eléctrodos de deteção baseados em nanomateriais.

A Fig. I.2 mostra a ilustração esquemática da plataforma de sensores electroquímicos e biossensores à base de nanomateriais para aplicações ambientais e de segurança alimentar. Como mostra a Fig. I.2, várias técnicas analíticas electroquímicas, tais como o sensor amperométrico/potenciométrico, o sensor de impedância eletroquímica, o sensor de luminescência eletroquímica e o sensor fotoelectroquímico, utilizam uma vasta gama de analitos químicos e biológicos em termos de alteração das interfaces dos eléctrodos *através da* via eletroquímica para numerosas aplicações [15, 17-19].

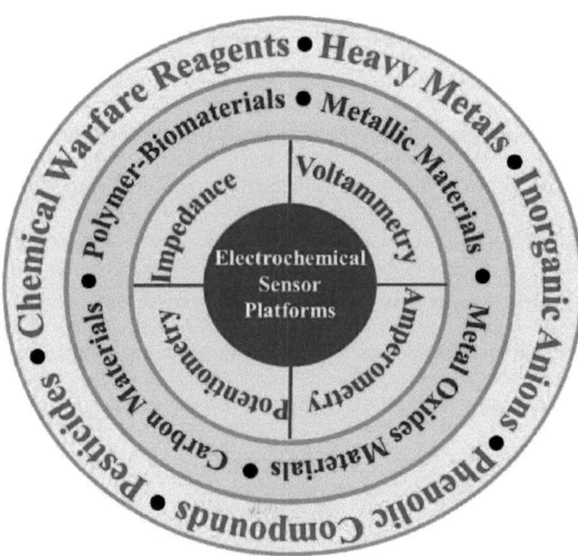

Fig. I.2. Ilustração esquemática das plataformas de sensores electroquímicos e biossensores baseados em nanomateriais para aplicações ambientais.

Diaz-Gonzalez *et al.* [20] relataram recentemente a visão geral das ferramentas electroanalíticas que foram aplicadas com sucesso para a deteção de poluentes ambientais registados na lista de regulamentos da União Europeia (UE) e outros organismos. Os métodos analíticos avançados que utilizam a combinação de dispositivos electroquímicos em estruturas fluídicas automáticas que permitem o pré-condicionamento da amostra e a normalização do sistema são necessários para a monitorização ambiental contínua. Estas técnicas electroanalíticas têm sido utilizadas com numerosas plataformas de sensores que abrangem uma vasta gama de nanomateriais e estratégias de fabrico. Devido às realizações significativas na nanociência e na nanotecnologia, a amplificação do sinal eletroquímico com base em nanomateriais avançados tem tido uma grande perspetiva de aumentar a sensibilidade e a seletividade através de novas funções, como a atividade catalítica eficaz, a cinética rápida do elétrodo, a grande área de superfície ativa e o controlo do microambiente dos eléctrodos [21-23]. Os colaboradores de Chen destacaram as plataformas de sensores electroquímicos combinadas com nanomateriais para aplicações biomédicas e ambientais [15, 24].

A estruturação da superfície do elétrodo à nanoescala desempenha um papel crucial no desenvolvimento de plataformas de sensores electroquímicos de elevado desempenho através de numerosos fundamentos electroquímicos para a deteção de analitos-alvo [25-27]. A importante motivação da conceção dos materiais de eléctrodos à nanoescala não se centra apenas na amplificação do sinal através da atividade catalítica e da condutividade, mas também na possibilidade de proporcionar interacções fáceis com reagentes químicos e biológicos e a imobilização de moléculas funcionais concebidas com precisão como marcadores de sinal, proeminentes para uma deteção altamente selectiva [28-30]. Assim, a construção de materiais de eléctrodos funcionais à nanoescala está recentemente a fazer avançar as vastas aplicações de sensores ambientais. Para além das vantagens do fabrico de plataformas de sensores baseadas em nanocompósitos funcionais, existem numerosos inconvenientes característicos, tais como o transporte de massa e a transferência de electrões que podem ter um impacto negativo nas moléculas funcionais e estabilizadoras, resultando na ocorrência recorrente de dissolução e agregação de nanomateriais.

A Fig. I.3 apresenta uma representação esquemática de plataformas de sensores e biossensores electroquímicos baseados em nanomateriais e nanoestruturas para várias aplicações.

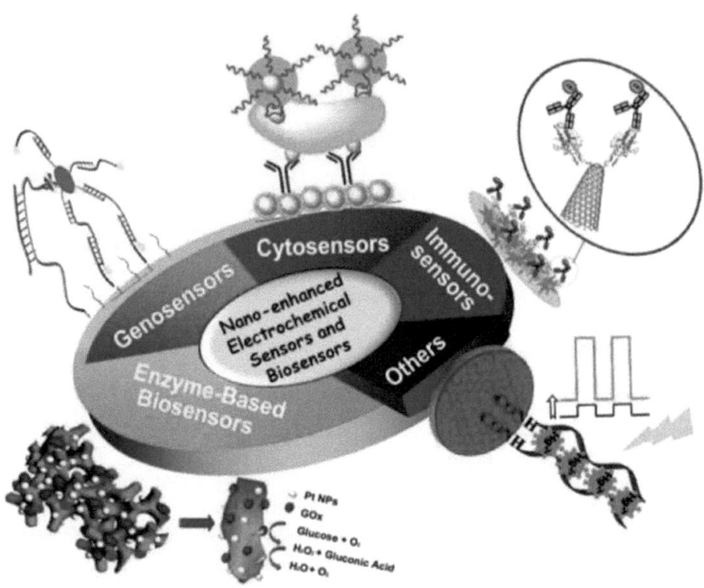

Fig. I.3. É apresentada uma representação pictórica de plataformas de sensores e biossensores electroquímicos baseados em nanomateriais para várias aplicações (Reproduzido com permissão da ref. 28. Copyright© 2015 American Chemical Society).

A formação de nanocompósitos ou de nanocompósitos funcionais crescidos diretamente na superfície do elétrodo, que pode ser uma solução promissora para os problemas acima referidos, tal como proposto por Govindhan *et al.* [18, 31, 32]. Estes requisitos necessários devem ser instintivos na conceção dos materiais dos eléctrodos. O crescimento de plataformas de sensores electroquímicos baseados em nanomateriais avançados estabelece um campo de investigação muito eficaz e robusto que pode ser antecipado para oferecer tecnologias electroquímicas da próxima geração para análises ambientais. Tem sido feito um grande esforço na expansão de sensores electroquímicos e biossensores baseados em materiais de eléctrodos nanoestruturados funcionais, combinados com vários métodos electroanalíticos, para aplicações ambientais extensivas [33-38].

Este livro centra-se principalmente nos recentes avanços no desenvolvimento de plataformas de sensores e biossensores baseados em materiais de eléctrodos nanoestruturados para a deteção de poluentes ambientais emergentes presentes no ambiente e em materiais alimentares para proteger a saúde humana e ambiental. O presente esforço visa fornecer uma visão precisa e breve da síntese e das propriedades dos nanomateriais avançados, da construção e da integração dos sensores baseados em nanomateriais. Além disso, resumimos o desenvolvimento mais recente dos sensores electroquímicos melhorados e as perspectivas relacionadas com as aplicações ambientais numa área emergente, com a devida consideração pela futura conceção de dispositivos, o que pode inspirar interesses mais vastos em diversos domínios.

Referências

[1]   G. Zabow, S.J. Dodd, A.P. Koretsky, Conjuntos magnéticos que alteram a forma como nanossondas de alta sensibilidade legíveis por RMN, Nature, 520 (2015) 73-U157.

[2]   D. Wu, D. Du, Y. Lin, Progresso recente em biossensores baseados em nanomateriais para resíduos de medicamentos veterinários em alimentos derivados de animais, Trends Anal. Chem., 83 (2016) 95-101.

[3]   M. Abdorahim, M. Rabiee, S.N. Alhosseini, M. Tahriri, S. Yazdanpanah, S.H. Alavi, L. Tayebi, Nanomaterials-based electrochemical immunosensors for cardiac troponin recognition: Uma revisão ilustrada, Trends Anal. Chem., 82 (2016) 337-347.

[4]   X. Yang, M.X. Yang, B. Pang, M. Vara, Y.N. Xia, Nanomateriais de ouro no trabalho em biomedicina, Chem. Rev., 115 (2015) 10410-10488.

[5]   K. Ouhenia-Ouadahi, A. Andrieux-Ledier, J. Richardit, PA Albouy, P. Beaunier, P. Sutter, E. Sutter, A. Courty, Sintonizando o modo de crescimento de super-redes de nanocristais de prata 3D por trifenilfosfina, Chem. Mater., 28 (2016) 4380-4389.

[6]   X. Ma, J. Huh, W. Park, L.P. Lee, Y.J. Kwon, S.J. Sim, nanocristais de ouro com morfologias dirigidas por DNA, Nat. Commun., 7 (2016) 12873.

[7]   M. Hasanzadeh, N. Shadjou, M. de la Guardia, Avanços recentes em nanoestruturas e nanocristais como elementos de amplificação de sinal em citosensores electroquímicos, Trends Anal. Chem , 72 (2015) 123-140.

[8]   K. Shehzad, Y. Xu, C. Gao, X. Duan, macroestruturas tridimensionais de nanomateriais bidimensionais, Chem. Soc. Rev., 45 (2016) 5541-5588.

[9]   T. Sun, Z.J. Li, H.G. Wang, D. Bao, F.L. Meng, X.B. Zhang, Um material de elétrodo biodegradável derivado da polidopamina para baterias de iões de lítio e de iões de sódio de elevada capacidade e longa duração, Angew. Chem. Int. Ed., 55 (2016) 10662-10666.

[10]   Y. Liu, K. Ai, L. Lu, Polidopamina e seus materiais derivados: síntese e aplicações promissoras nos domínios energético, ambiental e biomédico, Chem. Rev., 114 (2014) 5057-5115.

[11]   Y. Ding, S. Wang, J. Li, L. Chen, sensores ópticos baseados em nanomateriais para iões de mercúrio, Trends Anal. Chem., 82 (2016) 175-190.

[12]   F. Brandl, N. Bertrand, E.M. Lima, R. Langer, Nanopartículas com precipitação fotoinduzida para a extração de poluentes da água e do solo, Nat. Commun., 6 (2015)7765.

[13]   K. Duarte, C.I.L. Justino, A.C. Freitas, A.M.P. Gomes, A.C. Duarte, T.A.P. Rocha-Santos, Disposable sensors for environmental monitoring of lead, cadmium and mercury, Trends Anal. Chem., 64 (2015) 183-190.

[14]   C.I.L. Justino, A.C. Freitas, A.C. Duarte, T.A.P.R. Santos, Sensores e biossensores para monitorização de contaminantes marinhos, Trends Environ. Anal. Chem., 6-7 (2015) 21-30.

[15]   M. Govindhan, B.-R. Adhikari, A. Chen, deteção eletroquímica de contaminantes químicos com base em nanomateriais, RSC Adv., 4 (2014) 63741-63760.

[16]   G. Maduraiveeran, R. Ramaraj, Potencial plataforma de deteção de nanopartículas de prata incorporadas em invólucro de silicato funcionalizado para compostos nitroaromáticos, Anal. Chem., 81 (2009)7552-7560.

[17]   S. Cinti, F. Arduini, Graphene-based screen-printed electrochemical (bio)sensors and their applications: Esforços e críticas, Biosens. Bioelectron, 89 (2017) 107-122.

[18]   M. Govindhan, M. Amiri, A. Chen, nanocompósito de nanopartículas de Au/nanocompósito de grafeno como plataforma para a deteção sensível de NADH na urina humana, Biosens. Bioelectron, 66 (2015) 474-480.

[19]   C. Kokkinos, A. Economou, M.I. Prodromidis, Electrochemical immunosensors: Levantamento crítico de diferentes arquiteturas e estratégias de transdução, Trends Anal. Chem., 79 (2016) 88-105.

[20]   M. Diaz-Gonzalez, M. Gutierrez-Capitan, P. Niu, A. Baldi, C. Jimenez-Jorquera, C. Fernandez-Sanchez, dispositivos eletroquímicos para a deteção de poluentes prioritários listados na diretiva-quadro da água da UE, Trends Anal. Chem., 77 (2016) 186-202.

[21]   S. Kurbanoglu, S.A. Ozkan, A. Merkogi, Biossensores electroquímicos enzimáticos baseados em nanomateriais que operam através de inibição para aplicações de biossensores, Biossensores e Bioelectrónica, (2017) No prelo.

[22]   L. Rassaei, F. Marken, M. Sillanpaa, M. Amiri, C.M. Cirtiu, M. Sillanpaa, Nanopartículas em sensores electroquímicos para monitorização ambiental, Trends Anal. Chem, 30 (2011)1704-1715.

[23]   G. Hughes, R.M. Pemberton, P.R. Fielden, J.P. Hart, The design, development and application of electrochemical glutamate biosensors, Trends Anal. Chem. 79 (2016) 106113.

[24]   A. Chen, S. Chatterjee, sensores eletroquímicos baseados em nanomateriais para aplicações biomédicas, Chem. Soc. Rev., 42 (2013) 5425-5438.

[25]   P. Yanez-Sedeno, J.M. Pingarron, J. Riu, F.X. Rius, Electrochemical sensing based on carbon nanotubes, Trends Anal. Chem., 29 (2010) 939-953.

[26]   A. Walcarius, Electrocatálise, sensores e biossensores em química analítica baseados em eléctrodos mesoporosos e macroporosos ordenados modificados com carbono, Trends Anal. Chem., 38 (2012) 79- 97.

[27]   T. Yin, W. Qin, Aplicações de nanomateriais em sensores potenciométricos, Trends Anal. Chem., 51 (2013) 79-86.

[28]   C. Zhu, G. Yang, H. Li, D. Du, Y. Lin, sensores eletroquímicos e biossensores baseados em nanomateriais e nanoestruturas, Anal. Chem., 87 (2015) 230-249.

[29]   X. Bo, M. Zhou, L. Guo, sensores electroquímicos e biossensores baseados em grafeno menos agregado, Biosens. Bioelectron, 89 (2017) 167-186.

[30]   D.W. Kimmel, G. LeBlanc, M.E. Meschievitz, D.E. Cliffel, Electrochemical sensors and biosensors, Anal. Chem., 84 (2012) 685-707.

[31]   M. Govindhan, A. Chen, deteção eletroquímica melhorada de óxido nítrico utilizando um nanocompósito constituído por nanopartículas de platina-tungsténio, óxido de grafeno reduzido e um líquido iónico, Microchimica Ata, 183 (2016) 2879-2887.

[32]   M. Govindhan, A. Chen, Síntese simultânea de nanopartículas de ouro/nanocompósito de grafeno para uma reação de redução de oxigénio melhorada, J. Power Sources, 274 (2015) 928-936.

[33]   A. Kaushik, R. Kumar, S.K. Arya, M. Nair, B.D. Malhotra, S. Bhansali, sensores de gás baseados em nanocompósitos híbridos orgânicos e inorgânicos para monitorização ambiental, Chem. Rev., 115 (2015) 4571-4606.

[34]   D.J. Yuan, A.H.C. Anthis, M.G. Afshar, N. Pankratova, M. Cuartero, G.A. Crespo, E. Bakker, Sensores potenciométricos de estado totalmente sólido com uma camada de transdução interna de nnotubo de carbono de paredes múltiplas para deteção de ânions em amostras ambientais, Anal. Chem., 87 (2015) 8640-8645.

[35]   R.E. Ozel, X. Liu, R.S.J. Alkasir, S. Andreescu, Métodos electroquímicos para avaliação da nanotoxicidade, Trends Anal. Chem., 59 (2014) 112-120.

[36]   J. Xie, X. Zhang, H. Wang, H. Zheng, Y. Huang, J. Xie, Aplicações analíticas e ambientais de nanopartículas como miméticos de enzimas, Trends Anal. Chem., 39 (2012) 114129.

[37]   E.B. Bahadir, M.K. Sezginturk, Aplicações de biossensores comerciais em análises clínicas, alimentares, ambientais e de ameaças biológicas/bioguerras, Anal. Biochem, 478 (2015) 107-120.

[38]   X. Ceto, N.H. Voelcker, B. Prieto-Simon, Bioelectronic tongues: Novas tendências e aplicações na análise de água e alimentos, Biosens. Bioelectron, 79 (2016) 608-626.

II. TÉCNICAS ELECTROANALÍTICAS NA DETECÇÃO AMBIENTAL

As técnicas electroanalíticas são geralmente a interconversão entre a eletricidade e a química, que medem a resposta eléctrica da corrente, do potencial ou da carga em relação à variação das reacções/parâmetros químicos [1]. Uma das principais vantagens da deteção eletroquímica é a análise direta da informação sobre o analito numa instalação eletroquímica compacta, simples e portátil. A célula eletroquímica geral para deteção ambiental consiste principalmente num condutor iónico (eletrólito) e num condutor eletrónico (elétrodo) [2]. As reacções de deteção ocorrem na interface entre o eletrólito portador de reagentes e o elétrodo de trabalho (WE), em que o potencial é obtido em relação ao elétrodo de referência (RE) e a corrente é medida em relação ao contra-elétrodo (CE), respetivamente. A fim de fornecer excitação eléctrica e receber a resposta de deteção, estes eléctrodos são ligados a uma estação de trabalho eletroquímica portátil de laboratório ou de campo, com a fonte de energia necessária. A estação de trabalho está ligada a um computador instalado com o software correspondente para interpretar e analisar os dados de deteção. É de notar que a célula de dois eléctrodos também está disponível para a deteção ambiental, dependendo do sinal elétrico visado e das técnicas electroquímicas correspondentes (Fig. II.1).

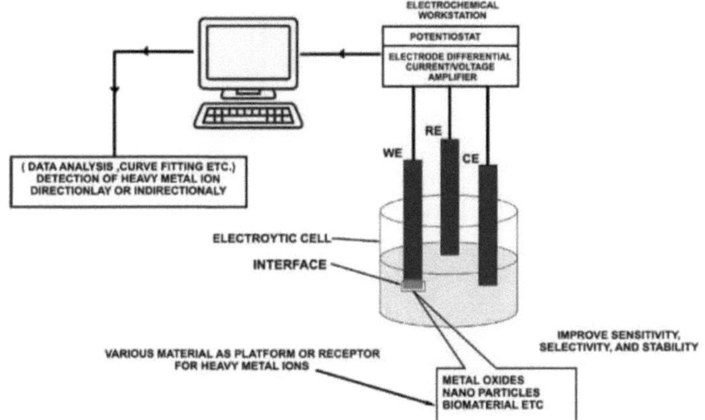

Fig. II.1 Configuração geral da célula eletroquímica (Reimpresso com permissão da Ref. [2]). © 2017 Elsevier

O tipo de sinal elétrico quantitativo tem origem em muitos métodos electroanalíticos diferentes, conduzindo a uma vasta gama de aplicações de monitorização ambiental [3]. Para a deteção de poluentes, as técnicas electroquímicas são principalmente classificadas em métodos potenciométricos, potenciostáticos, de espetroscopia de impedância eletroquímica (EIS), condutométricos e electroquimioluminescentes. Na maioria destes métodos, a corrente ou o potencial são controlados para determinar a alteração de outro parâmetro. No entanto, existem também algumas técnicas em que não é fornecida qualquer excitação de controlo (com corrente zero), enquanto o potencial de equilíbrio é obtido numa membrana selectiva de iões. Como ilustrado na Fig. II.2 [4], existem três tipos de sensores de gases ambientais, incluindo o sensor potenciométrico para medição da tensão, o sensor amperométrico para medição da corrente e o sensor condutométrico para medição da condutividade. Por conseguinte, as secções seguintes descrevem cada uma das técnicas electroquímicas com os respectivos avanços recentes.

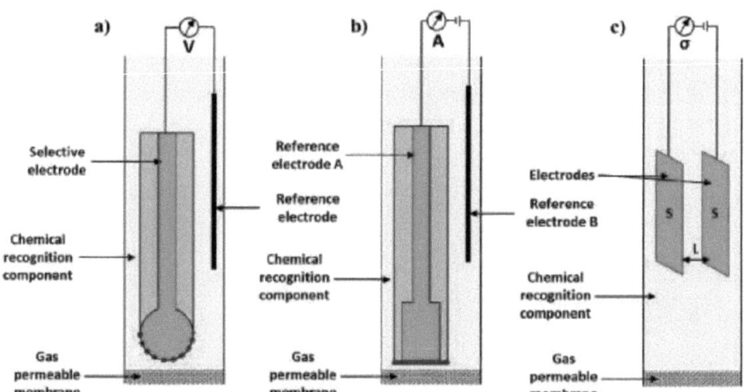

Fig. II.2 Diagramas esquemáticos de três sensores electroquímicos de gás típicos baseados em membranas (a) sensor potenciométrico, (b) sensor amperométrico e (c) sensor condutométrico (Reimpresso com permissão da Ref. [4]). © 2017 Elsevier

Potenciometria

A potenciometria é um método estático (corrente zero) em que o valor do analito alvo é medido pelo potencial gerado através de um elétrodo seletivo de iões (ISE) [5]. É uma área interessante da investigação electroanalítica devido à sua elevada precisão, resposta rápida, análise não destrutiva e económica. O elétrodo de vidro utilizado para determinar o pH de uma solução é o exemplo mais comum de ISE. A resposta de um elétrodo seletivo de iões é dada pela equação 1, como se segue:

$$E = E_0 + RT/zF * \ln a$$

em que E é o potencial medido (em volts), E_0 é uma constante caraterística do sistema ISE, R é a constante dos gases, T é a temperatura absoluta, z é a carga iónica assinada, F é a constante de Faraday e a é a atividade da substância a analisar. Os ISEs incorporam uma membrana polimérica selectiva para diminuir as interferências da matriz, respondendo assim idealmente a apenas um analito alvo [6]. Em termos estritos, o potencial é obtido em função da atividade do analito e não da sua concentração. Tem sido amplamente utilizado para a monitorização da poluição, como o CN^-, F^-, S^{2-}, Cl^-, e NO_3^- em efluentes industriais, águas naturais e processamento agrícola. Como ilustrado na Fig. II.3 [5], a concentração de Pb^{2+} foi detectada com êxito utilizando a potenciometria de injeção de fluxo num novo elétrodo de grafite seletivo para iões.

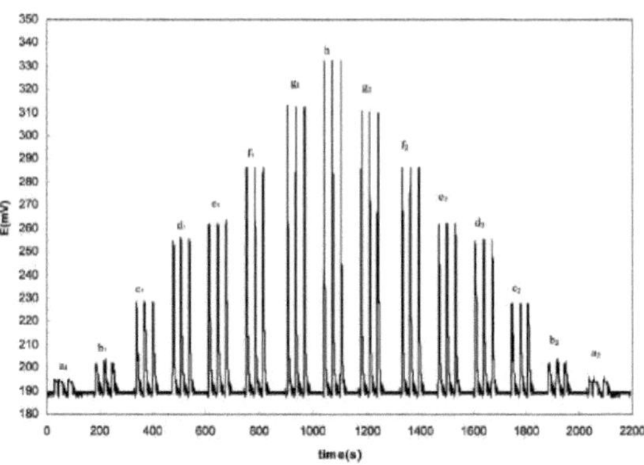

Fig. II.3. Picos potenciométricos para três medições repetidas de diferentes concentrações de iões Pb^{2+}. (Reproduzido com permissão da Ref. [5]) © 2003 Elsevier

Um desenvolvimento recente dos eléctrodos selectivos de iões são os transístores de efeito de campo selectivos de iões (ISFET) apresentados na Fig. II.4 [7]. O sinal de deteção depende da interação ou absorção de uma espécie carregada com a interface do FET. Subsequentemente, o potencial de superfície é alterado e, assim, o fluxo de corrente no canal condutor do FET é afetado através do efeito de campo. Para detetar seletivamente determinadas espécies e obter uma "impressão digital" eléctrica, a superfície do FET é geralmente funcionalizada com grupos de ligação adequados. A principal vantagem destes dispositivos é a sua dimensão ultra-pequena (inferior a 0,1 mm^2), que permite a produção em massa a baixo custo com a tecnologia de circuitos integrados.

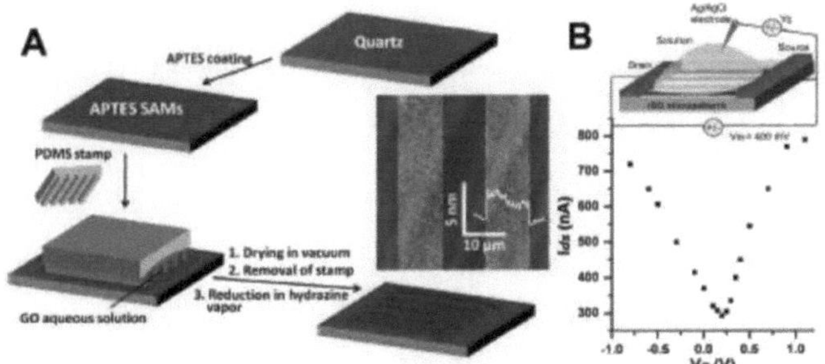

Fig. II.4. (A) Ilustração esquemática para o fabrico de películas finas de rGO modeladas sobre revestimento de APTES quartzo. (B) Características ambipolares do rGO-FET medidas em solução tampão. (Reproduzido com permissão da Ref. [7]). © 2011 Sociedade Americana de Química

Técnicas Potenciostáticas

As técnicas potenciostáticas [8] envolvem a utilização de um instrumento potenciostático para controlar o potencial e lidar com os processos de transferência de carga na interface elétrodo/eletrólito. Consequentemente, podem determinar a concentração de muitas espécies ambientais, incluindo os compostos electroactivos provenientes da redução ou oxidação eletroquímica e os compostos não electroactivos provenientes de procedimentos electroquímicos indirectos ou de derivação. Em comparação com a potenciometria, as vantagens das técnicas potenciostáticas são a elevada sensibilidade e seletividade, a ampla gama linear, a instalação portátil e de baixo custo e a disponibilidade de materiais de eléctrodos particularmente consideráveis. Consequentemente, as detecções electroquímicas comunicadas para a monitorização ambiental concentram-se principalmente em métodos potenciostáticos, incluindo a voltametria cíclica (CV), a amperometria e a voltametria de stripping.

Voltametria cíclica (CV)

A voltametria cíclica é uma das técnicas mais utilizadas em estudos electroanalíticos [9]. Fornece uma visão frutuosa das meias reacções que ocorrem no elétrodo de trabalho e das propriedades químicas ou físicas associadas à reação eletroquímica alvo. Na voltametria cíclica, a partir de um potencial E_i, é aplicada ao elétrodo de trabalho uma varredura de potencial linear ou em escada. Ao atingir um potencial de comutação de E_f, a varredura de potencial é invertida e retorna ao seu ponto inicial. Os dados de saída do CV são uma curva corrente-potencial, em que as principais características são os potenciais de pico e as correntes no ânodo e no cátodo. Deve notar-se que o potencial de meio pico (mediana entre os potenciais de pico catódico e anódico) reflecte principalmente características termodinâmicas, e as magnitudes da corrente de pico revelam a cinética durante a reação eletroquímica (Fig. II.5).

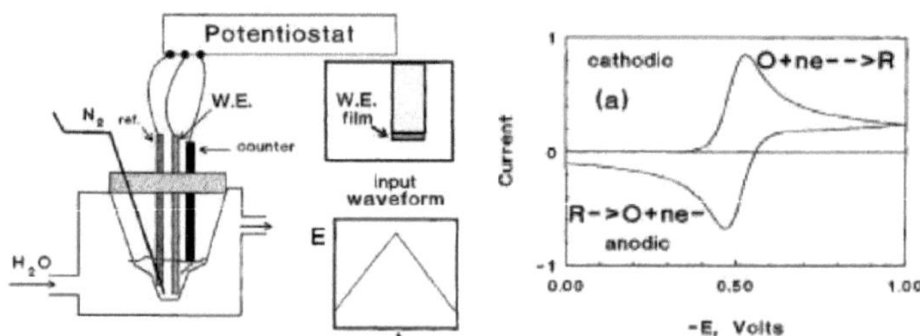

Fig. II.5. (Esquerda) Um sistema de três eléctrodos para medir a forma de onda voltamétrica cíclica. (Direita) Forma ideal para um voltamograma cíclico de uma reação reversível controlada por difusão. (Reproduzido com permissão da Ref. [9]). © 1994 Wiely

A informação sobre o tipo de reação do elétrodo, o número de transferências de electrões e os fenómenos adicionais acoplados (adsorção e cristalização) também podem ser obtidos nas curvas CV. Por exemplo, o número de transferências de electrões é calculado utilizando a equação de Randles-Sevcik para uma reação electroquimicamente reversível [10]:

$$Ip = (2{,}69 \times 10^5)n^{3/2}\,AD\,Cv^{1/2}1/2 \qquad (3)$$

em que A é a área de superfície do elétrodo de trabalho, n é o número de electrões transferidos, F é a constante de Faraday, i_p é a densidade de corrente de pico, C é a solubilidade do oxigénio, D é o coeficiente de difusão do oxigénio e v é a velocidade de varrimento das curvas CV. Como se mostra na Fig. II.6 [11], no elétrodo modificado com nanopartículas de ouro dopadas com grafeno, obteve-se uma boa relação linear entre a corrente de pico de oxidação das curvas CV e a concentração de dietilestilboestrol (DES) de $1,20 \times 10^{-8}$ a $1,20 \times 10^{-5}$ mol-L^{-1} .

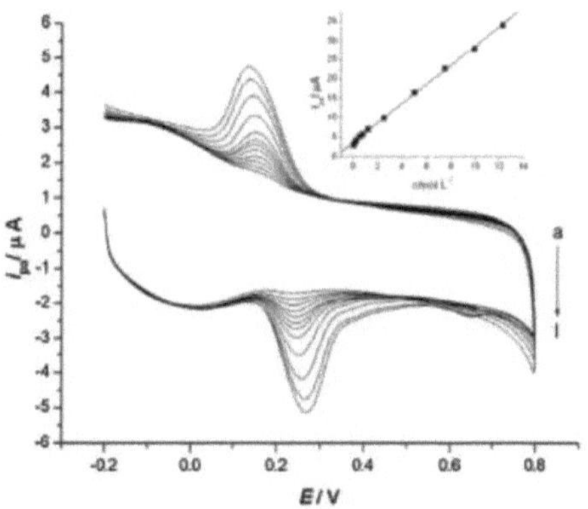

Fig. II.6. CVs de DES no elétrodo Gr/Nano-Au/GCE com diferentes concentrações. No interior, o gráfico da corrente de pico de oxidação versus concentração de DES. (Reproduzido com permissão da Ref. [11]). © 2015 Elsevier

Outro avanço desta técnica é a voltametria cíclica de varrimento rápido (FSCV) em microelectrodos, que oferece uma grande seletividade química e uma elevada sensibilidade para as espécies electroactivas (Fig. II.7). Sanford [12] relatou a medição voltamétrica de H O$_{22}$ em microelectrodos de fibra de carbono simples, não revestidos, na presença de catalase. Identificaram, tanto *in vitro* como em tecido cerebral, que o H2O2 pode ser detectado de forma fiável na presença de múltiplas espécies interferentes comuns.

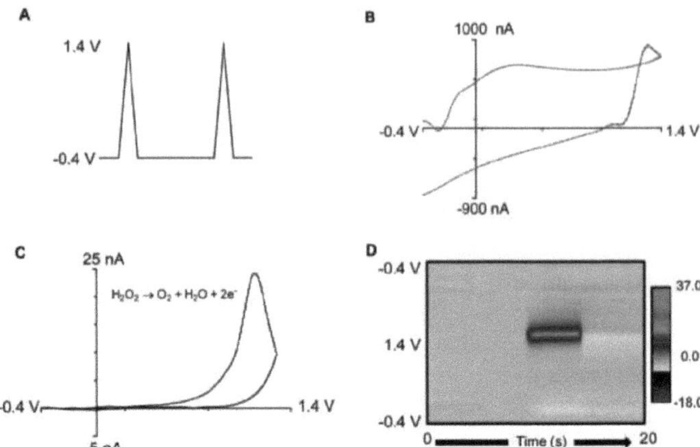

Fig. II.7. Voltametria cíclica de varrimento rápido de H2O2. (A) O potencial aplicado foi varrido a 400 V- s^{-1} . (B) Corrente de fundo na superfície do carbono produzida pelo varrimento rápido (linha sólida). (C) Voltamograma cíclico com subtração de fundo de 100 µM H O_{22} a pH 7,4. (D) Gráfico de cores contendo 200 voltamogramas cíclicos com subtração de fundo registados durante 20 s. (Reproduzido com autorização da Ref. [12]). © 2010 Sociedade Americana de Química

Amperometria

A amperometria é operada através do aumento direto do potencial para um valor desejado e depois da determinação da corrente, ou mantendo o potencial a um valor constante e medindo amostras no elétrodo em sistema de injeção de fluxo [13]. Devido ao potencial específico de oxidação ou redução, a corrente obtida é seletivamente proporcional à concentração das espécies electroactivas na amostra em estudo. O potencial fixo conduz também a uma corrente de carga negligenciável e minimiza o sinal de fundo que interfere no limite de deteção. Como se mostra na Fig. II.8, a célula eletroquímica tem uma corrente "zero" fraca na ausência da amostra A, e a magnitude deste branco é geralmente obtida durante a calibração com uma tensão de polarização constante. Com a adição da amostra A, as espécies de interesse começam a ser transportadas através do eletrólito e são reduzidas no elétrodo. A corrente deste processo aumenta até um patamar e atinge o equilíbrio, estando esta corrente de patamar monotonicamente relacionada com a concentração da substância a analisar.

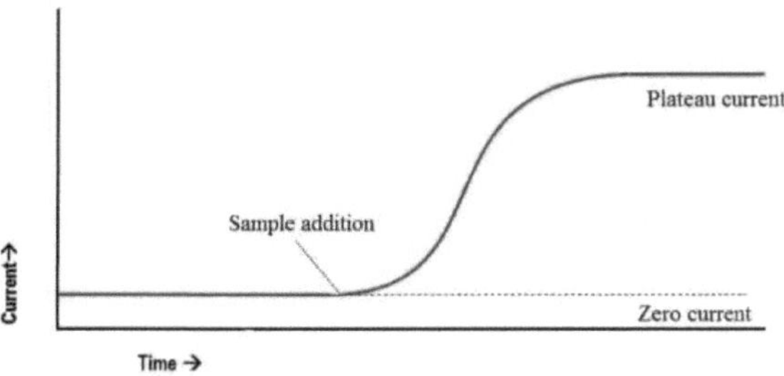

Fig. II.8. Princípios das medições amperométricas

Além disso, os métodos amperométricos hidrodinâmicos podem melhorar significativamente o transporte de massa na superfície do elétrodo através da rotação e da vibração. Estes sistemas de fluxo apresentam um desempenho superior na monitorização ambiental do que os sistemas descontínuos em estado estacionário, uma vez que as condições de fluxo permitem um melhor transporte da solução em procedimentos de ensaio em várias etapas e na deteção em linha. Como apresentado na Fig. II.9 [14], a concentração de Cr(VI) foi detectada no elétrodo Ti/TiO$_2$ NT/Au através de uma técnica de amperometria, tendo o potencial sido fixado no potencial de pico de redução do Cr(VI). Verificou-se uma excelente gama linear de 0,10 a 105 mM de Cr(VI) e, o que é mais importante, esta apresentou a maior sensibilidade (6,91 μA μM^{-1}) devido ao elétrodo nanoestruturado e ao método de amperometria hidrodinâmica.

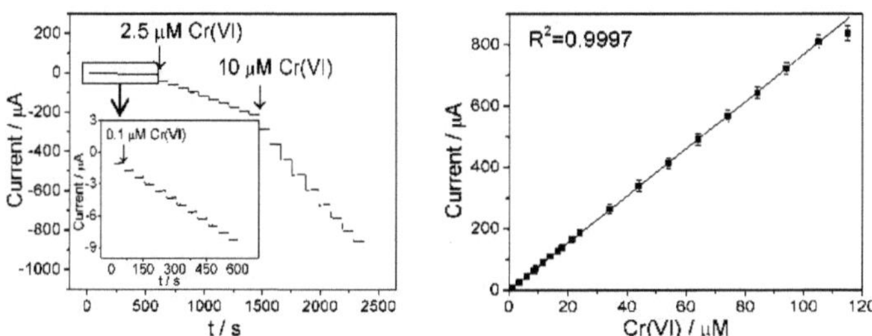

Fig. II.9. (Esquerda) Respostas amperométricas de corrente da adição sucessiva de Cr(VI) em solução de HCl 0,1 M. A parte inserida é a parte ampliada da curva de baixa concentração de Cr(VI); (Direita) o gráfico de calibração da resposta contra a concentração de Cr(VI) (Reimpresso com permissão da

Ref. [14]). © 2014 Royal Society of Chemistry.

Além disso, a amperometria é um método amplamente utilizado para os biossensores na avaliação ambiental de poluentes inorgânicos e orgânicos. Como ilustrado na Fig.II.10 [15], os biossensores de levedura são desenvolvidos através do acoplamento de células de levedura específicas com transdutores electrónicos (elétrodo). Durante o processo de deteção, as moléculas poluentes entram nas células de levedura e interagem com os locais de biorreconhecimento, como os receptores nucleares, o ADN e as enzimas. Como resultado, uma resposta amperométrica pode ser detectada e a informação de deteção pode ser obtida.

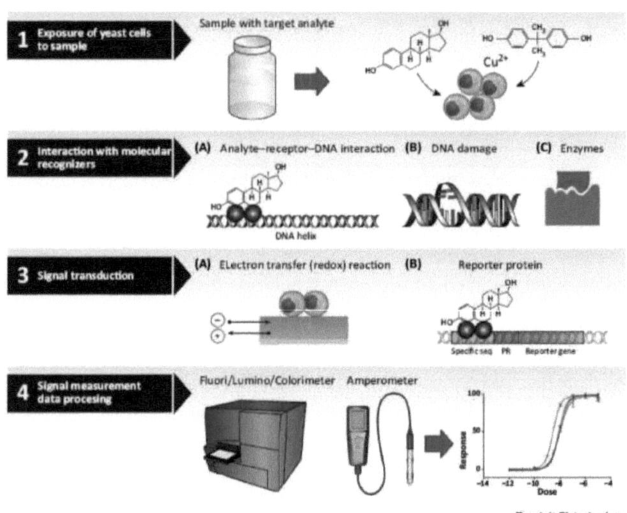

Fig. II.10. Exemplos de estratégias de imobilização para biossensores de levedura. (Reproduzido com permissão da Ref.[15]). © 2016 Elsevier

Voltametria de decapagem

A voltametria de stripping é um método em duas etapas, em que a etapa inicial consiste na eletrodeposição de espécies analíticas na superfície do elétrodo a um potencial constante [16]. Esta etapa de pré-concentração envolve um processo anódico ou catódico, enquanto a segunda etapa consiste numa varredura de tensão para obter uma dissolução electrolítica do depósito no elétrodo (decapagem). No caso da deteção de iões metálicos, por exemplo, a acumulação é a redução eletroquímica e a deposição como metal, e depois a medição é a dissolução anódica do depósito metálico. Este processo é designado por voltametria de decapagem anódica (ASV), enquanto o caso dos halogenetos é designado por voltametria de decapagem catódica (CSV). O passo de decapagem pode ser linear, em escada, em onda quadrada ou por impulsos. Como se mostra na Fig. II.11 [17], os três metais pesados foram detectados simultaneamente utilizando a voltametria de stripping. No entanto, deve notar-se que a concentração no elétrodo é determinada diretamente na fase de decapagem e não a concentração da substância a analisar em solução. Por conseguinte, a fim de melhorar a sensibilidade, a concentração do elétrodo pode ser aumentada através do aumento do tempo de deposição e/ou da taxa de agitação.

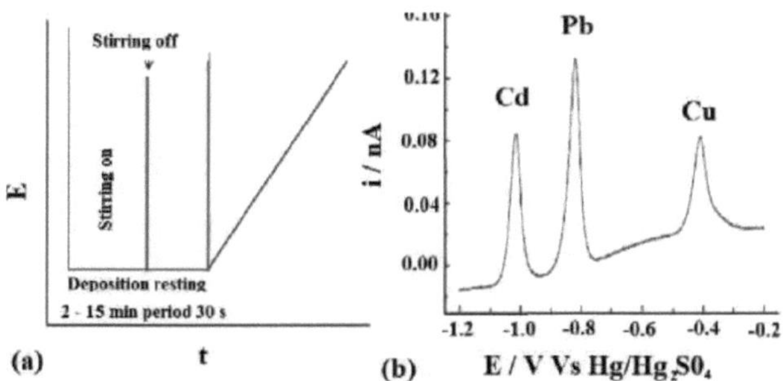

Fig. II.11. (a) Sinal de excitação e (b) curva de resposta da voltametria de desnudamento anódico. (Reproduzido com permissão da Ref. [17]). © 2013 IOP Publishing

A etapa de pré-concentração da voltametria de stripping resulta numa sensibilidade notável, particularmente para as espécies vestigiais ao nível sub-ppm. Como se mostra na Fig. II.12 [16], a voltametria de stripping apresenta um aumento de quase 50 vezes na deteção do citaloporm no elétrodo descartável de chumbo. A fim de aplicar este método sensível às espécies que não podem ser acumuladas por eletrólise na superfície do elétrodo, foram desenvolvidos princípios alternativos com a utilização da técnica de adsorção. Na voltametria de descamação adsortiva (AdSV), a substância a analisar pode ser pré-concentrada por adsorção física em vez de deposição electrolítica. Muitos poluentes orgânicos e catiões de metais pesados têm uma forte afinidade para serem adsorvidos a partir de uma solução aquosa na superfície de um elétrodo de mercúrio, o que resulta numa aplicação considerável da técnica AdSV utilizando agentes complexos de superfície ativa.

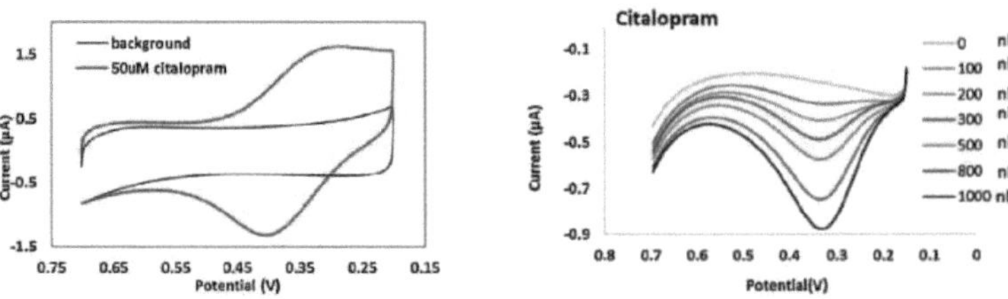

Fig. II.12. (Esquerda) CVs de 0 e 50 µM de Citalopram e (b) voltametria de stripping do Citalopram variando de 0-1000 nM. (Reproduzido com permissão da Ref.[16]). © 2016 Elsevier

Técnicas de impedância

A espetroscopia de impedância eletroquímica (EIS) [13] foi proposta por Lorenz e Schulze em 1975. Mede as propriedades resistivas e capacitivas do elétrodo após perturbação com uma excitação CA de pequena amplitude, variando a frequência numa vasta gama para gerar o espetro de impedância. Em seguida, as respostas de corrente em fase e fora de fase são medidas para determinar os componentes resistivos e capacitivos da impedância, respetivamente. No EIS, as reacções electroquímicas que ocorrem numa célula electrolítica são ilustradas em termos de circuito elétrico equivalente (EEC). Um circuito elétrico equivalente idealizado é apresentado na Fig. II.13 [2], enquanto as componentes de alta e baixa frequência são mostradas à esquerda e à direita, respetivamente. Medindo estes dados de impedância e outras características resistivas-capacitivas (RC) do EEC, é possível determinar a concentração do analito na amostra de teste.

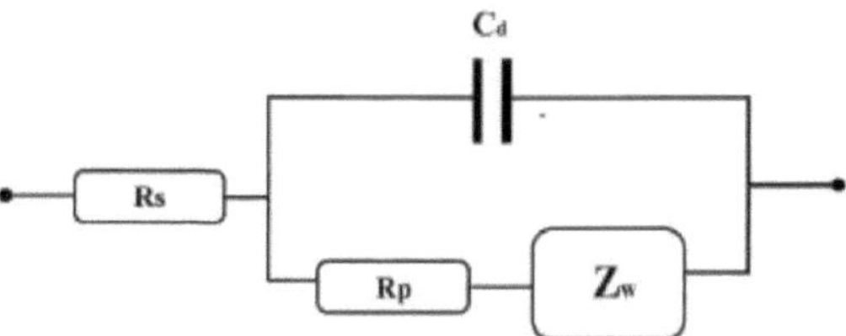

Fig. II.13. Um circuito equivalente elétrico de Randles idealizado para uma reação eletroquímica. C_{dl} : condensador de dupla camada; R_p : resistência à polarização; R_s : resistência à solução; Z_W : impedância de Warburg. (Reproduzido com permissão da Ref. [2]). © 2017 Elsevier

O EIS é um método de deteção poderoso porque é capaz de ilustrar a transferência de electrões a alta frequência e a transferência de massa a baixa frequência. A deteção impedimétrica também provou ser uma ferramenta eficiente para o reconhecimento de propriedades de interface adequadas em sistemas de biossensores. Apresenta algumas vantagens em relação ao método amperométrico amplamente utilizado, uma vez que os mediadores redox melhoram a acessibilidade e ultrapassam as limitações de proximidade da superfície do elétrodo. Como se mostra na Fig. II.14 [18], a concentração do aptasensor foi determinada medindo as alterações de R_{ct} após incubação da sonda em diferentes concentrações de solução de acetamipride durante 40 minutos. Nos gráficos de Nyquist da resposta, a impedância aumenta obviamente com o aumento da concentração de acetamipride, indicando o aumento da resistência à transferência de electrões. É apresentada a dependência de R_{et} e da concentração de acetamipride. Foi obtida uma relação linear entre ΔR_{et} e o valor do logaritmo das concentrações de acetamipride na gama de 5-600 nM, indicando o efeito facilitador do mediador redox.

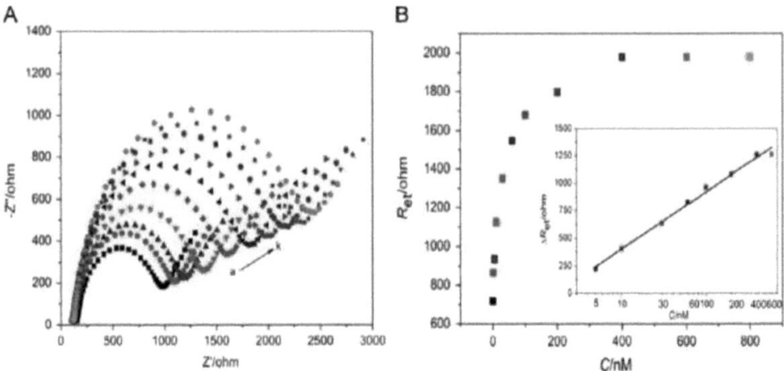

Fig. II.14. (A) Os gráficos de Nyquist do elétrodo MCH/aptâmero/AuNPs/ouro correspondem a diferentes concentrações de acetamipride, (B) A dependência de R_{et} da concentração de acetamipride; no interior encontra-se a curva de calibração linear de ΔR_{et} com o logaritmo das concentrações de acetamipride (Reproduzido com permissão da Ref. [18]). © 2013 Elsevier

Condutometria

A condutometria consiste em monitorizar as alterações na condutividade eléctrica da amostra a testar [19]. Este método é de grande importância na deteção de gases tóxicos e nocivos, como SO_2, NO_x, H_2S, CO e NH_3. Os sensores de gás condutométricos (resistivos) são amplamente utilizados para a monitorização ambiental; estes sensores de "estado sólido" possuem excelente sensibilidade, tempo de resposta curto, baixo custo e viabilidade do dispositivo. O mecanismo de deteção tem origem numa alteração da condutividade através da captura de electrões e da flexão de banda induzida pelas moléculas de analito adsorvidas. Como mostra a Fig. II.15 [20], é apresentado o curso da resistência R medida durante a exposição cíclica ao NO_2 na ftalocianina de ferro (II). Durante a dosagem de NO_2 em N_2 com uma concentração fixa de 0,5, 1 e 2 ppm, a resistência diminui com um declive constante, mantendo-se depois ao nível correspondente durante as fases intermédias do N_2, o que conduz a patamares no curso da deteção.

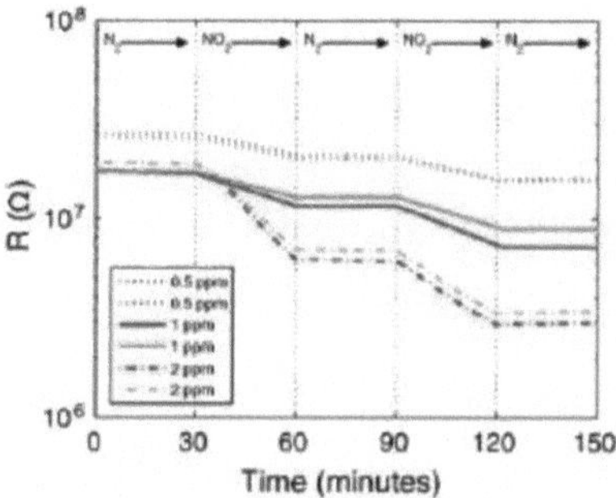

Fig. II.15. Resposta à temperatura ambiente dos sensores a 0,5, 1, 2 ppm de NO2, com N de elevada pureza$_2$ introduzido antes e depois de cada exposição ao NO_2 (Reimpresso com permissão da Ref. [20]). © 2010 Elsevier

A condutometria também tem sido utilizada em biossensores para monitorização ambiental e análises clínicas. Como ilustrado na Fig. II.16 [21], o transdutor condutométrico é um dispositivo miniatura de dois eléctrodos fabricado para determinar a condutividade da fina camada de eletrólito entre as superfícies dos eléctrodos. Foram desenvolvidos dois pares de eléctrodos integrados de Pt (150 nm de espessura) no substrato de vidro Pyrex (10 mm*30 mm), tendo a tirosinase sido imobilizada na parte de deteção do biossensor. Como resultado, a concentração de diuron, atrazina, desisopropilatrazina (DIA) e desetilatrazina (DEA) foi detectada com sucesso no elétrodo "sensível".

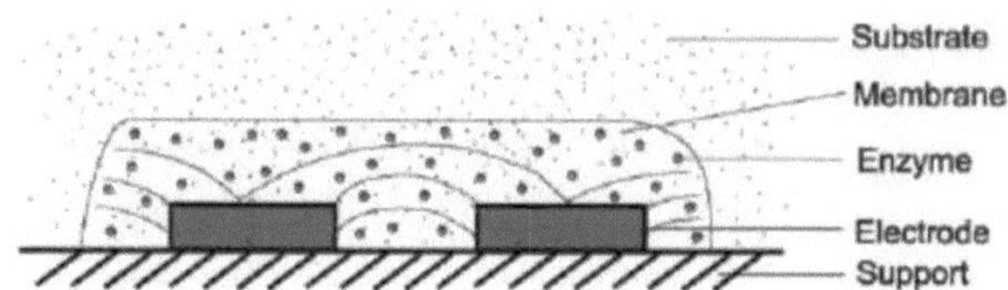

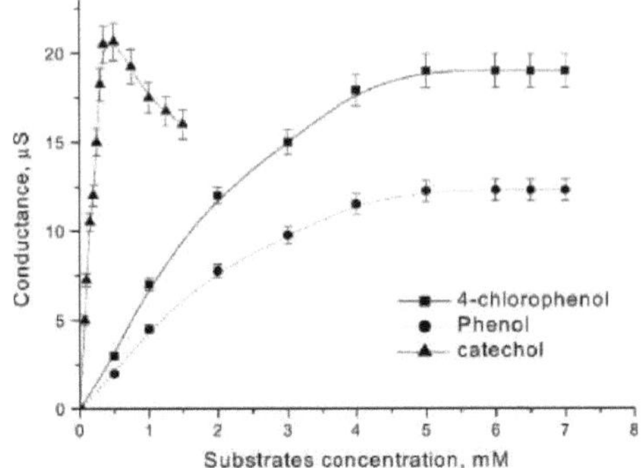

Fig. II.16. (Superior) Representação esquemática do biossensor condutométrico; (Inferior) Curvas de calibração do biossensor condutométrico de tirosinase para 4-clorofenol, fenol e catecol. (Reproduzido com permissão da Ref.[21]). © 2004 Elsevier

Técnicas de electroquimioluminescência

A electroquimioluminescência (ECL, designada quimioluminescência electrogénica) envolve a formação de espécies nas superfícies dos eléctrodos que, em seguida, procedem a reacções de transferência de electrões para gerar estados electrónicos excitados que emitem luz [22]. A electroquimioluminescência do $Ru(bpy)_3^{2+}$ foi desenvolvida pela primeira vez em 1972 em acetonitrilo (MeCN) utilizando tetrafluoroborato de tetrabutilamónio (TBABF$_4$) como solvente. O ECL foi formado pela alteração pulsante do potencial de um elétrodo para formar Ru-(bpy) oxidado$_3^{3+}$ e Ru(bpy) reduzido$_3^+$ (Fig. II.17). Por conseguinte, o ECL é observado durante a aplicação de um potencial (vários volts) a materiais de eléctrodos no solvente orgânico aprótico de espécies luminescentes, que são geralmente hidrocarbonetos aromáticos policíclicos, complexos metálicos, pontos quânticos ou nanopartículas. É de notar que é difícil obter reacções redox simultâneas de espécies luminescentes em meio aquoso devido à separação eletroquímica da água.

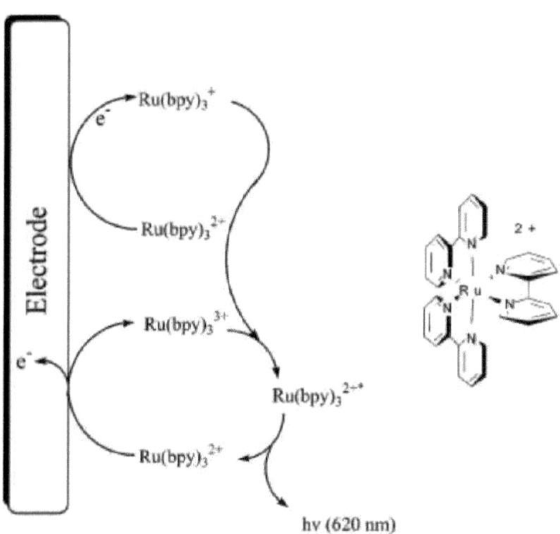

Fig. II.17. Estrutura do $Ru(byy)_3^{2+}$ e mecanismo proposto para o sistema ECL $Ru(bpy3^{3+}$ /$Ru(bpy)3^+$ (Reimpresso com permissão da Ref. [22]). © 2004 Sociedade Americana de Química

A ECL é um método analítico altamente sensível e seletivo. Combina as vantagens da quimiluminescência (eliminação do sinal ótico de fundo) e o fácil controlo do processo através da aplicação do potencial do elétrodo. Recentemente, foi descrito um novo sensor de electroquimioluminescência (ECL) baseado em pontos quânticos de carbono (CQDs) imobilizados em grafeno (GR) para a deteção de fenóis clorados (CPs) na água, conforme apresentado na Fig. II.18 [23]. A baixa intensidade de ECL dos CQDs num sistema aquoso foi ultrapassada através da amplificação em várias fases do sinal ECL dos CQDs por GR e $S\,O_{28}^{2-}$. O sensor ECL preparado permite a monitorização em tempo real do PCP com uma sensibilidade sem precedentes de $1,0*10^{-12}$ M e uma vasta gama linear de $1,0*10^{-12}$ a $1,0x10^{-8}$ M.

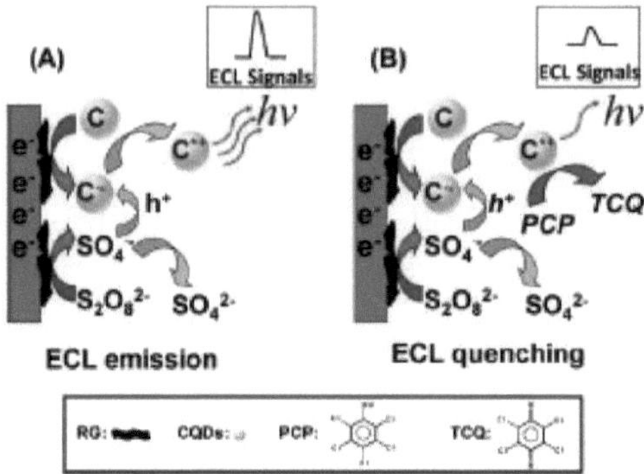

Fig. II.18. Mecanismo ilustrativo de deteção ECL para PCP com CQD/GR em solução S O_{28}^{2} (Reimpresso com permissão da Ref. [23]). © 2013 Sociedade Americana de Química

Em resumo, a química electroanalítica é bastante promissora para a deteção ambiental, com características de sensibilidade e seletividade notáveis, baixo limite de deteção, miniaturização e portabilidade inerentes. O sistema de analito pode ser monitorizado electroquimicamente com um potencial mensurável (potenciometria), corrente (voltametria cíclica, amperometria, voltametria de decapagem), impedância (EIS), condutividade (condutometria), bem como a recente e actualizada electroquimioluminescência (ECL). No que diz respeito a diferentes sistemas de poluentes, devem ser cuidadosamente seleccionadas diferentes técnicas electroanalíticas para obter um melhor desempenho de deteção.

Referência:

[1]   J. Wang, Electrochemical detection for microscale analytical systems: a review, Talanta 56 (2002) 223-231.

[2]   B. K. Bansod, T. Kumar, R. Thakur, S. Rana, I. Singh, Uma revisão de várias técnicas electroquímicas para a deteção de iões de metais pesados com diferentes plataformas de deteção, Biosens. Bioelectron. 94 (2017) 443-455.

[3]   Y. Shao, J. Wang, H. Wu, J. Liu, I. A. Aksay, Y. Lin, Graphene based electrochemical sensors and biosensors: Uma revisão, Electroanalytis 22 (2010) 1027-2036.

[4]   T. Li, Y. Wu, J. Huang, S. Zhang, Sensores de gás baseados na difusão por membrana para

monitorização ambiental, Sensor Actuat. B-Chem. 243 (2017) 566-578.

[5]   H. Karami, M. F. Mousavi, M. Shamsipur, Potenciometria de injeção de fluxo por um novo elétrodo seletivo de iões de grafite revestido para a determinação de Pb^{2+} , Talanta 60 (2003) 775-786.

[6]   G. Dimeski, T. Badrick, A. St John, Ion selective electrodes (ISEs) and interferences-A review, Clin. Chem. Ata 411 (2010) 309-317.

[7]   H. G. Sudibya, Q. He, H. Zhang, P. Chen, Deteção eléctrica de iões metálicos utilizando transístores de efeito de campo baseados em filmes de óxido de grafeno reduzido micropadronizados, ACS Nano 5 (2011) 1990-1994.

[8]   F. Ricci, G. Volpe, L. Micheli, G. Palleschi, A review on novel developments and applications of immunosensors in food analysis, Anal. Chim. Ata 605 (2007) 111-129.

[9]   J. F. Rusling, S. L. Suib. Characterizing materials with cyclic voltammetry, Adv. Mater. 12 (1994) 922-930.

[10]   W. Jin, H. Du, S. Zheng, H. Xu, Y. Zhang, Comparação da reação de redução de oxigénio entre soluções de NaOH e KOH num elétrodo de Pt: O efeito dependente do eletrólito, J. Phys. Chem. B 114 (2010) 6542-6548.

[11]   X. Ma, M. Chen. Sensor eletroquímico baseado em ouro dopado com grafeno elétrodo modificado com nanopartículas para deteção de dietilstilboestrol, Sensor Actuat. B-Chem. 215 (2015) 445-450.

[12]   A. L. Sanford, S. W. Morton, K. L. Whitehouse, H. M. Oara, L. Z. Lugo-Morales, J. G. Roberts, L. A. Sombers, Voltammetric detection of hydrogen peroxide at carbon fiber microelectrodes, Anal. Chem. 82 (2010) 5205-5210.

[13]   N. J. Ronkainen, H. B. Halsall, W. R. Heineman, Electrochemical biosensors, Chem. Soc. Rev. 39 (2010) 1747-1763.

[14]   W. Jin, G. Wu, A. Chen, Deteção eletroquímica sensível e selectiva de crómio (VI) com base em matrizes de nanotubos de titânia decorados com nanopartículas de ouro, Analyst 139 (2014) 235-241.

[15]   S. Jarque, M. Bittner, L. Blaha, K. Hilscherova, Yeast biosensors for detection of environmental pollutants: Estado atual e limitações, Trends Biotechnol. 34 (2016) 408-419.

[16]   A. Izadyar, D. R. Arachchige, H. Cornwell, J. C. Hershberger, Ion transfer stripping voltammetry for the detection of nanomolar levels offluoxetine, citalopram, and sertraline in tap and river water samples, Sensor Actuat. B-Chem. 223 (2016) 226-233.

[17]   J. Baron-Jaimez, M. R. Joya, J. Barba-Ortega, Anodic stripping voltammetry - ASV for

determination of heavy metals, J. Phys.-Concend. Mat. 446 (2013) 012023.

[18]   L. Fan, G. Zhao, H. Shi, M. Liu, Z. Li, Um aptasensor altamente seletivo baseado na espetroscopia de impedância eletroquímica para a deteção sensível do acetamipride, Biosens. Bioelectron. 43 (2013) 12-18.

[19]   N. Jaffrezic-Renault, S. V. Dzyadevych. Conducometric microbiosensors for environmental monitoring, Sensors 8 (2008) 2569-2588.

[20]   J. H. Shu, H. C. Wike, B. A. Chin, Passive chemiresistor sensor based on iron (II) phthalocyanine thin films for monitoring of nitrogen dioxide, Sensor Actuat. B-Chem. 148 (2010) 498-503.

[21]   T. M. Anh, S. V. Dzyadevych, M. C. Van, N. J. Renault, C. N. Duc, J.-M. Chovelon, Conductometric tyrosinase biosensor for the detection of diuron, atrazine and its main metabolites, Talanta 63 (2004) 365-370.

[22]   M.M. Richter, Electrochemiluminescence (ECL), Chem. Rev. 104 (2004) 3003-3036.

[23]   S. Yang, J. Liang, S. Luo, C. Liu, Y. Tang, Supersensitive detection of chlorinated phenols by multiple amplification electrochemiluminescence sensing based on carbon quantum dots/graphene, Anal. Chem. 85 (2013) 7720-7725.

III. SÍNTESE E PROPRIEDADES DOS NANOMATERIAIS

Devido às numerosas propriedades físicas, químicas e biológicas únicas dos nanomateriais e dos seus nanocompósitos, nas últimas décadas tem-se investido um esforço significativo no desenvolvimento de estratégias sintéticas com tamanho, forma, carga superficial e características físico-químicas altamente controláveis [1, 2]. Devido às suas propriedades melhoradas, os nanomateriais oferecem enormes vantagens em várias aplicações, como a catálise, a imagiologia, a biotecnologia e os sensores. Tal como apresentado na Fig. III.1, a elevada relação área de superfície/volume (que permite sinais maiores, uma melhor catálise e um movimento mais rápido das substâncias a analisar através dos sensores), as propriedades ópticas, magnéticas e eléctricas melhoradas representam vantagens significativas em relação aos materiais em macroescala, demonstrando aplicações ambientais significativas.

Fig. III.1. Imagens FE-SEM de várias formas de nanomateriais.

Os nanomateriais apresentam propriedades físicas distintas das do material a granel, exibindo algumas propriedades específicas notáveis; a transição de átomos ou moléculas para a forma de material a granel tem lugar nesta gama de dimensões. Em geral, uma redução da *dimensão espacial* ou *o confinamento de partículas* numa determinada direção cristalográfica dentro de uma estrutura conduz geralmente a alterações das propriedades físicas do sistema nessa direção. Como se mostra na Fig. II.2, os nanomateriais podem ser classificados principalmente em quatro tipos, com base nas dimensões dos seus elementos estruturais: nanomateriais *de dimensão zero* (0D), *unidimensionais* (1D), *bidimensionais* (2D) e *tridimensionais* (3D). Os nanomateriais de dimensão zero são as nanopartículas, os nanoclusters, os fulerenos e os pontos quânticos.

Os nanomateriais unidimensionais incluem as nanofibras (nanobastões) e os materiais nanotubulares. Os nanomateriais bidimensionais são películas finas ou nanofolhas de grafeno com espessura nanométrica. Os elementos estruturais dos nanomateriais 0D, 1D e 2D podem ser distribuídos numa matriz macroscópica líquida ou sólida ou ser aplicados num substrato e os elementos estruturais 0D, 1D e 2D estão em contacto estreito entre si e formam interfaces. Os nanomateriais tridimensionais incluem materiais em pó, fibrosos, multicamadas e policristalinos. Os materiais nanoestruturados tridimensionais são policristais compactos ou consolidados (a granel) com grãos nanométricos, cujo volume total é preenchido por esses grãos nanométricos, a superfície livre dos grãos está praticamente ausente e só existem interfaces de grãos. A formação dessas interfaces e o desaparecimento da superfície das nanopartículas (nanogrãos) é a diferença fundamental entre os nanomateriais compactos tridimensionais e os pós nanocristalinos com vários graus de aglomeração que consistem em partículas do mesmo tamanho que os materiais nanoestruturados compactos.

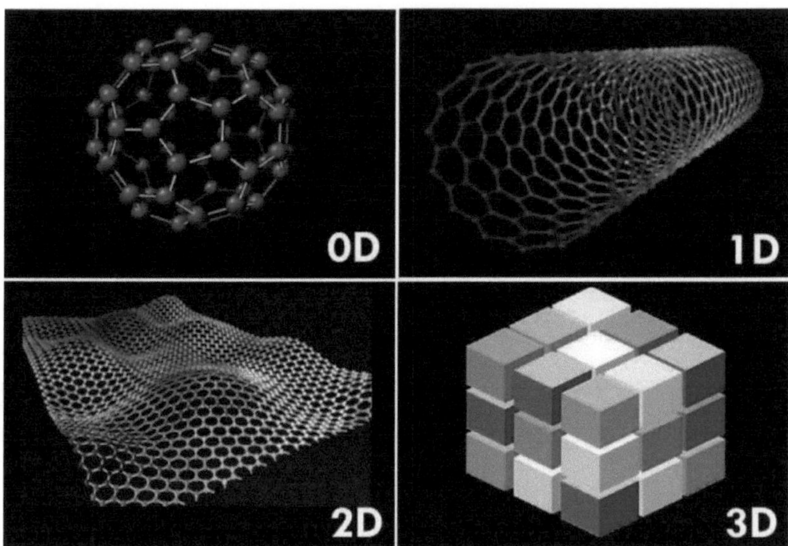

Fig. III.2. Classificação dos nanomateriais.

Foram utilizadas três vias principais para a produção de nanomateriais, incluindo a estratégia física (como a deposição física de vapor e a ablação por laser), a estratégia química (como a deposição química de vapor, os processos sol-gel, a decomposição térmica e o método hidrotérmico), a estratégia eletroquímica (como a oxidação anódica e a eletrodeposição) e a estratégia fotoquímica (como a fotodeposição) [3]. As integrações das propriedades dimensionais, composicionais, geométricas e estruturais dos nanomateriais são vitais para lhes conferir funcionalidade e propriedades únicas. A adsorção e a interação dos nanomateriais com substâncias químicas ou biomoléculas são fundamentais para o fabrico de nanomateriais para aplicações em catálise e sensores [4].

Por exemplo, uma síntese muito simples de nanopartículas de prata funcionalizadas com nicotinamida adenina dinucleótido (NAD) numa solução aquosa à temperatura ambiente sem agentes redutores perigosos, em que o NADH é utilizado como molécula funcional para deteção ambiental altamente selectiva [5]. O NADH foi utilizado como agente redutor e estabilizador para a formação e estabilização de nanopartículas de prata, e o brometo de cetiltrimetilamónio (CTAB) foi utilizado como agente de crescimento para as nanopartículas de prata. Fig. II. 3(A) e (B) mostram imagens HRTEM das nanopartículas de prata preparadas. O tamanho médio das partículas foi estimado em 20 nm para as partículas esféricas e triangulares, e as partículas em forma de bastão apresentaram um comprimento de 45 nm e uma largura de 20 nm. A imagem HRTEM mostrou que as nanopartículas de prata formadas tinham uma variedade de formas; a síntese de nanopartículas anisotrópicas baseada em soluções é de interesse considerável para aplicações em nanociência e nanotecnologia.

Foram formadas diferentes morfologias de nanopartículas de prata devido à flutuabilidade das estruturas das partículas. Esta flutuação resultou finalmente na formação de uma mistura de nanopartículas com diferentes morfologias. As morfologias da superfície das nanopartículas de prata foram estudadas por microscopia eletrónica de transmissão de alta resolução (HRTEM). Os espaçamentos cristalinos calculados de 2,5, 2,3, 2,0, 1,4 e 1,1 (°A) a partir dos anéis SAED (Fig. 111.3(C)) correspondem à difração dos planos (422), (111), (002), (022) e (222) da Ag cúbica de face centrada (fcc).

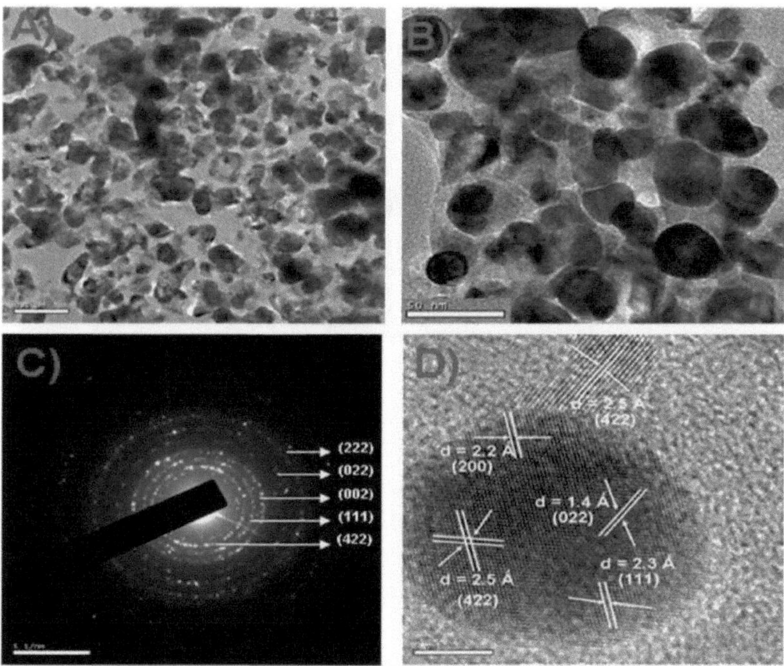

Fig. III.3. (A e B) Imagens HRTEM típicas de nanopartículas de prata. (C) Difração HRTEM-SAED consistente com nanopartículas de prata cristalinas. (D) Imagem resolvida em rede de uma única nanopartícula de prata (Reimpresso com permissão da Ref. [5]). © 2016 The Royal Society of Chemistry.

Vários grupos de investigação têm-se empenhado em dar resposta a numerosas questões relacionadas com o desenvolvimento de nanomateriais para aplicações em sensores electroquímicos. O controlo do tamanho e da composição, das interfaces e das distribuições, da nucleação e do crescimento, da estabilidade, da síntese em escala e das estratégias de montagem para uma produção de baixo custo e em grande escala são as principais preocupações da síntese dos nanomateriais [6]. Existem numerosos nanomateriais e os seus nanocompósitos têm sido utilizados em aplicações de sensores ambientais devido às suas várias características atractivas, incluindo a elevada compatibilidade química (bio) e inércia, a facilidade de funcionalização, a enorme energia de superfície e a grande cinética do elétrodo [7]. A Fig. III.4. representa a aplicação de nanopartículas de Au incorporadas em polímeros com impressão molecular (MIPs).

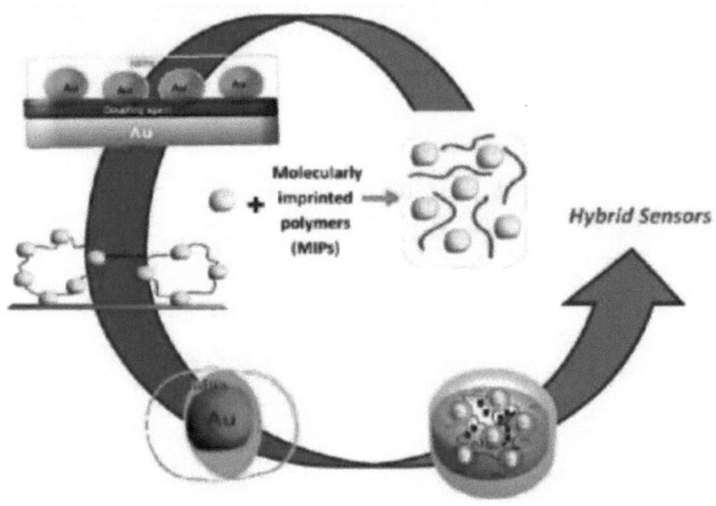

Fig. III.4. Esquema para a aplicação de nanopartículas de Au incorporadas em polímeros com impressão molecular (MIPs). (Reproduzido com permissão da Ref. [7]). © 2015 The American Chemical Society.

Propriedades

As propriedades únicas dos nanomateriais são identificadas e pode haver uma parte mais a ser descoberta. As propriedades dos nanomateriais estão relacionadas com diferentes origens através de uma grande fração de átomos de superfície, grande energia de superfície, confinamento espacial e imperfeições reduzidas. Muitas destas propriedades dependem do tamanho. De um modo geral, as propriedades dos nanomateriais podem ser significativamente ajustadas, bastando para tal ajustar o tamanho, a forma ou a extensão da aglomeração. Os nanomateriais apresentam propriedades únicas, que são diferentes das dos seus correspondentes materiais a granel, pelo que têm sido alvo de muitas investigações devido ao seu potencial para várias aplicações, incluindo dispositivos médicos, ambientais e optoelectrónicos. As seguintes propriedades importantes dos nanomateriais são apresentadas:

(i) Os nanomateriais podem ter um ponto de fusão significativamente mais baixo e constantes de rede consideravelmente reduzidas devido a uma enorme fração de átomos de superfície em relação à quantidade total de átomos.

(ii) As propriedades mecânicas dos nanomateriais são uma ou duas ordens de grandeza superiores às dos monocristais a granel devido à reduzida probabilidade de defeitos.

(iii) O pico de absorção ótica de uma nanopartícula semicondutora desloca-se para um comprimento de onda curto devido a um aumento do intervalo de banda e a cor das nanopartículas metálicas muda com as suas dimensões através da ressonância plasmónica de superfície.

(iv) A condutividade eléctrica dos nanomateriais diminui devido ao aumento da dispersão superficial.

(v) O ferromagnetismo dos materiais a granel desaparece e transfere-se para o superparamagnetismo à escala nanométrica através da vasta energia de superfície.

A elevada relação entre a área superficial e o volume dos nanomateriais permite uma melhor resposta catalítica e de deteção através do movimento rápido dos analitos através de eléctrodos ou sensores baseados em nanomateriais. As excelentes propriedades ópticas, magnéticas, eléctricas e catalíticas significam os ganhos em relação aos materiais em macroescala, revelando as notáveis propriedades específicas [8]. A Fig. III.5 mostra a imagem SEM e a demonstração da possibilidade de preparar dendrímeros metálicos, sementes octaédricas de Au, que adoptaram formas cúbicas antes da iniciação da ramificação e foram utilizadas como iniciador (I). As propriedades físicas e catalíticas dos nanomateriais podem ser facilmente ajustadas ou alteradas através da redução da dimensão espacial ou do confinamento das estruturas numa direção cristalográfica precisa. Em particular, as propriedades dos nanomateriais estão principalmente associadas a diferentes origens *através de* uma grande fração de átomos de superfície, grande energia de superfície, confinamento espacial e imperfeições reduzidas. Estas podem ser reguladas simplesmente ajustando o tamanho, a forma ou a extensão da aglomeração [9, 10].

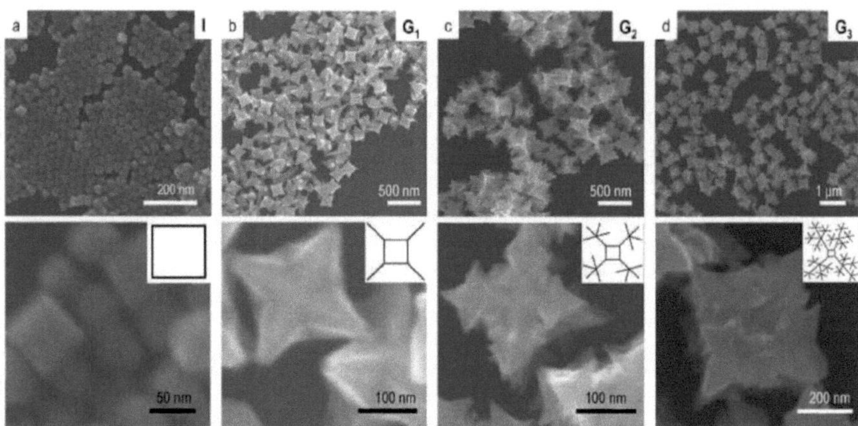

Fig. III.5. Imagens SEM de baixa (em cima) e alta ampliação (em baixo) e correspondentes modelos bidimensionais de bastões. Reproduzido com permissão da Ref. [8]). © 2015 Wiley-VCH.

Devido à enorme fração de átomos de superfície na quantidade total de átomos, os nanomateriais possuem um ponto de fusão mais baixo e constantes de rede reduzidas. As propriedades mecânicas são uma ou duas ordens de grandeza mais elevadas do que as dos monocristais a granel, com uma probabilidade reduzida de defeitos. Muitos estudos referem que as propriedades mecânicas dos materiais aumentam com a diminuição da dimensão dos materiais. A redução da dimensão dos materiais tem efeitos óbvios nas propriedades ópticas e a dependência do tamanho e da estrutura pode ser classificada em ressonância plasmónica de superfície (SPR) e efeitos de tamanho quântico [11, 12].

Como mostra a Fig. III.6, o aumento da potência do magnetrão com a taxa de pulverização catódica resulta numa maior densidade de átomos de Au disponíveis no vapor atómico supersaturado, o que favorece um crescimento mais rápido e afasta as condições de crescimento do equilíbrio. Existe uma pequena variação na proporção de nanoclusters fcc-Au923 observada ao longo deste espaço de parâmetros, o que pode ser devido à formação da estrutura fcc [12]. A condutividade eléctrica diminui com o aumento da dispersão superficial. O mecanismo da condutividade eléctrica na película fina pode ser amplamente explicado por um simples tunelamento entre estados isolantes localizados, o que implica uma elevada resistividade a baixas temperaturas [13].

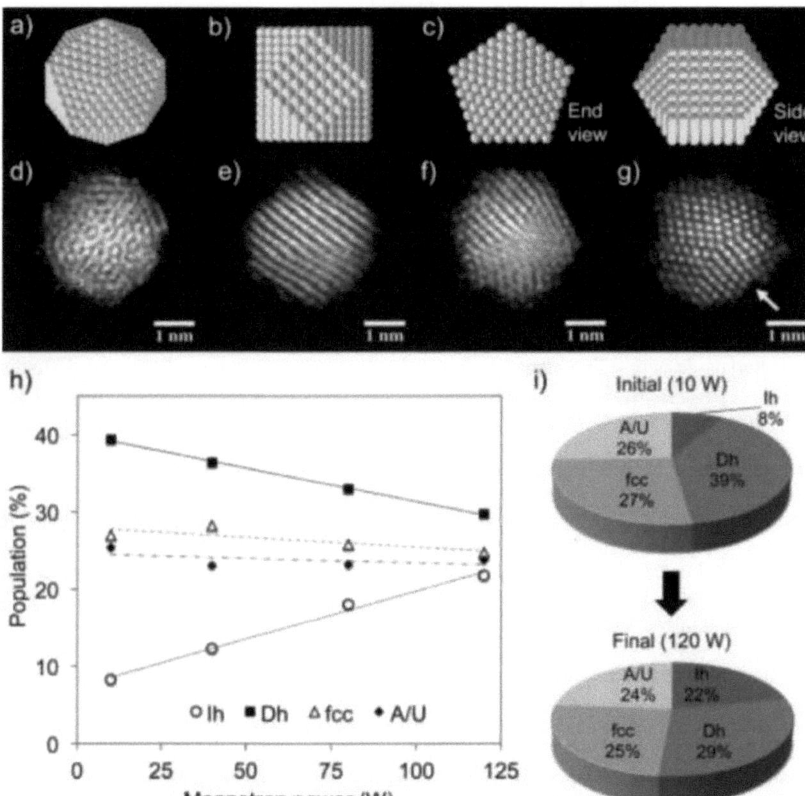

Fig. III.6. Modelos dos isómeros icosaédrico (a), cúbico de face centrada (b) e inodecaédrico (c) do Au_{923} . Imagens HAADF-STEM típicas dos isómeros do nanocluster Au_{923} (d-g): (h) Um gráfico das abundâncias relativas dos isómeros fcc, Dh e Ih numa dada população de nanoclusters de Au_{923} em função da potência do magnetrão utilizada durante a sua formação. As composições das populações inicial e final em todo o espaço de parâmetros (i). Reproduzido com permissão da Ref. [11]). © 2014 American Chemical Society.

No que diz respeito às propriedades catalíticas dos nanomateriais, a geometria, a composição, o estado de oxidação e o ambiente químico/físico podem desempenhar um papel vital na determinação da atividade catalítica e da reatividade dos nanomateriais, ao passo que a dimensão e a forma das partículas são um fator importante. Assim, a relação entre estes parâmetros e o desempenho catalítico dos nanomateriais pode depender do sistema. Além disso, é vital compreender sistematicamente os factores que controlam a reatividade e a seletividade do catalisador [14]. Os catalisadores mais interessantes são as nanopartículas de ouro, que constituem, naturalmente, um sistema modelo para os investigadores em catálise.

Sabe-se que o ouro a granel é praticamente inerte, mas provou-se que as partículas de ouro de tamanho nanométrico são altamente activas em várias reacções, incluindo a oxidação a baixa temperatura de metanol, CO, ORR, biomoléculas de NADH, adenina, etc. O mecanismo de reatividade dos nanomateriais de ouro é importante, apesar da enorme quantidade de investigação neste domínio. Já foi referido por Lopez et al. [14] que os átomos de ouro coordenativamente insaturados nas nanopartículas desempenham o papel principal na reatividade, enquanto o substrato tem pouca importância, alegando que a transferência de carga das vacâncias de oxigénio no suporte para as nanopartículas de ouro, bem como a interação dos adsorventes com a interface nanopartícula-suporte, não contribuem significativamente para a atividade observada.

Em muitos casos, outros factores, como as interacções nanopartículas-suporte, podem também desempenhar um papel na maior reatividade das partículas metálicas, bem como o tamanho e a forma das nanopartículas, que é o parâmetro estrutural crítico que afecta as propriedades catalíticas dos nanomateriais. Além disso, a informação geral sobre os factores que normalmente se supõe desempenharem um papel importante na reatividade catalítica das nanopartículas metálicas suportadas, com ênfase na compreensão da relação entre a estrutura (tamanho e forma), a composição química, o estado de oxidação, as interacções interpartículas e a reatividade dos nanomateriais. Em alguns casos, o suporte das nanopartículas pode afetar a estrutura e as propriedades catalíticas, sendo difícil separar o papel específico desempenhado por cada um destes parâmetros na reatividade das nanopartículas suportadas.

Desafios

Os fundamentos dos nanomateriais foram bem estabelecidos em diferentes domínios, como a física, a química, a ciência dos materiais, a ciência biológica e as tecnologias. Os investigadores enfrentam muitos novos desafios com nanoestruturas e nanomateriais únicos e funcionais.

(i)	A integração de materiais nanoestruturados em ou com sistemas macroscópicos que podem interagir com as pessoas.

(ii)	Construção e demonstração de instrumentos técnicos simples, sem qualquer complicação, para estudar e investigar ao nível nanométrico.

(iii)	Devido à pequena dimensão e à complexidade das estruturas à escala nanométrica, o desenvolvimento de novas tecnologias de medição à escala nanométrica pode exigir novas inovações na tecnologia metrológica.

(iv)	A medição das propriedades físicas dos materiais nanoestruturados requer instrumentos extremamente sensíveis com baixo nível de ruído e as propriedades, como a condutividade eléctrica, a constante dieléctrica, a constante de rede, a resistência à tração, são independentes das dimensões, pelo que, na prática, as propriedades do sistema são medidas experimentalmente.

(v)	As flutuações aleatórias de dopagem tornam-se extremamente importantes à escala nanométrica, enquanto que a flutuação da concentração de dopagem deixaria de ser tolerável à escala nanométrica. O átomo de superfície pode certamente comportar-se de forma diferente do átomo centrado nesta situação. O desafio será não só conseguir uma distribuição reprodutível e uniforme dos átomos dopantes à escala nanométrica, mas também controlar com precisão a localização dos átomos dopantes.

(vi)	O resultado de uma enorme área de superfície ou de uma grande relação superfície/volume é a superação da enorme energia de superfície.

(vii) Assegurar que os nanomateriais preparados têm o tamanho desejado, uma distribuição uniforme do tamanho, morfologia, cristalinidade, composição química e microestrutura, o que, em conjunto, resulta nas propriedades físicas desejadas.

(viii) Impedir que os nanomateriais se tornem grosseiros através da maturação de Ostwald ou da aglomeração à medida que o tempo evolui.

Referências

[1]   A. Zhang, C.M. Lieber, Nano-bioelectrónica, Chem. Rev., 116 (2016) 215-257.

[2]   J. Clausmeyer, W. Schuhmann, Nanoelectrodos: aplicações em electrocatálise, análise de célula única e imagem eletroquímica de alta resolução, Trends Anal. Chem., 79 (2016) 46-59.

[3]   A. Chen, P. Holt-Hindle, Platinum-based nanostructured materials: synthesis, properties, and applications, Chem. Rev., 110 (2010) 3767-3804.

[4]   P.D. Howes, R. Chandrawati, M.M. Stevens, Bionanotecnologia. nanopartículas coloidais como sensores biológicos avançados, Science, 346 (2014) 1247390.

[5]   G. Maduraiveeran, R. Ramaraj, deteção aprimorada de íons mercúricos com base em nanopartículas de prata funcionalizadas com dinucleotídeos, Anal. Methods, 8 (2016) 7966-7971.

[6]   N. Li, P. Zhao, D. Astruc, Anisotropic gold nanoparticles: synthesis, properties, applications, and toxicity, Angew. Chem. Int. Ed., 53 (2014) 1756-1789.

[7]   R. Ahmad, N. Griffete, A. Lamouri, N. Felidj, M.M. Chehimi, C. Mangeney, Nanocompósitos de nanopartículas de ouro@polímeros com impressão molecular: química, processamento e aplicações em sensores, Chem. Mater., 27 (2015) 5464-5478.

[8]   R.G. Weiner, S.E. Skrabalak, Metal dendrimers: synthesis of hierarchically stellated nanocrystals by sequential seed-directed overgrowth, Angew. Chem. Int. Ed., 54 (2015) 1181-1184.

[9]   K.D. Gilroy, A. Ruditskiy, H.C. Peng, D. Qin, Y. Xia, Nanocristais bimetálicos: sínteses, propriedades e aplicações, Chem. Rev., 116 (2016) 10414-10472.

[10]   N.D. Burrows, W. Lin, J.G. Hinman, J.M. Dennison, A.M. Vartanian, N.S. Abadeer, E.M. Grzincic, L.M. Jacob, J. Li, C.J. Murphy, Química de superfície de nanobastões de ouro, Langmuir, 32 (2016) 9905-9921.

[11]   S.R. Plant, L. Cao, R.E. Palmer, Atomic structure control of size-selected gold nanoclusters during formation, J. Am. Chem. Soc., 136 (2014) 7559-7562.

[12]   I.J. Kramer, E.H. Sargent, A arquitetura das células solares de pontos quânticos coloidais:

materiais para dispositivos, Chem. Rev., 114 (2014) 863-882.

[13]   X. Zhou, S. Lee, Z. Xu, J. Yoon, Progresso recente no desenvolvimento de quimiossensores para gases, Chem. Rev., 115 (2015) 7944-8000.

[14]   N. Lopez, T.V.W. Janssens, B.S. Clausen, Y. Xu, M. Mavrikakis, T. Bligaard, J.K. Norskov, Sobre a origem da atividade catalítica das nanopartículas de ouro para a oxidação do CO a baixa temperatura, *J. Catal.* 223 (2004) 232-235.

IV. SENSORES AMBIENTAIS BASEADOS EM NANOMATERIAIS DE METAIS NOBRES

Devido às propriedades físicas, químicas e electroquímicas únicas, dependentes do tamanho e da forma, os nanomateriais metálicos, como o ouro (Au), a prata (Ag), a platina (Pt), o paládio (Pd) e as suas ligas bimetálicas e nanopartículas com núcleo de concha, são predominantemente fascinados por numerosas aplicações ambientais [1]. As nanopartículas metálicas desempenham vários papéis fundamentais na conceção de plataformas de sensores e biossensores electroquímicos através de uma síntese fácil, facilidade de funcionalização da superfície, abordagem de fabrico de sensores sem esforço, catálise de reacções electroquímicas e melhoria de um processo de transferência de electrões [2].

Nos últimos anos, as plataformas de sensores electroquímicos baseados em nanopartículas metálicas apresentam um forte potencial para aumentar a sensibilidade e a seletividade *através de* amplificações de sinal sintonizadas. Com os recentes avanços na conceção das nanopartículas metálicas, as nanopartículas bio-funcionalizadas e os nanocompósitos eficazes com matrizes têm sido atraídos para aplicações em sensores e biossensores. A investigação aprofundada conduziu ao desenvolvimento de numerosos métodos analíticos avançados para aplicações de monitorização ambiental e de segurança alimentar.

4.1 Nanopartículas de ouro

Foram envidados esforços significativos para o desenvolvimento de plataformas de sensores e biossensores electroquímicos baseados em nanopartículas de Au para aplicações ambientais, devido às suas propriedades únicas, tais como propriedades ópticas finamente sintonizáveis, elevada área de superfície e capacidade de modificação da superfície. As nanopartículas de Au têm sido utilizadas com sucesso como electrocatalisador eficaz em numerosas reacções electroquímicas devido à sua estabilidade superior e recuperação completa em processos químicos redox. As nanopartículas de Au abrem a possibilidade de miniaturização de dispositivos de deteção à escala nanométrica, o que oferece excelentes perspectivas de deteção química [3].

Os sensores electroquímicos à nanoescala baseados em Au *através de* tecnologias de micro e nanofabricação oferecem uma excelente oportunidade para o desenvolvimento de plataformas de agregados de sensores para a deteção eletroquímica de poluentes ambientais. Nos últimos anos, a capacidade de integração das matrizes de sensores com dispositivos microfluídicos oferece possibilidades para a tecnologia lab-on-a-chip para a deteção de múltiplos analitos numa abordagem de elevado rendimento [4]. A Fig. IV.1 mostra a ilustração esquemática de vários sensores electroquímicos ambientais baseados em nanomateriais de Au.

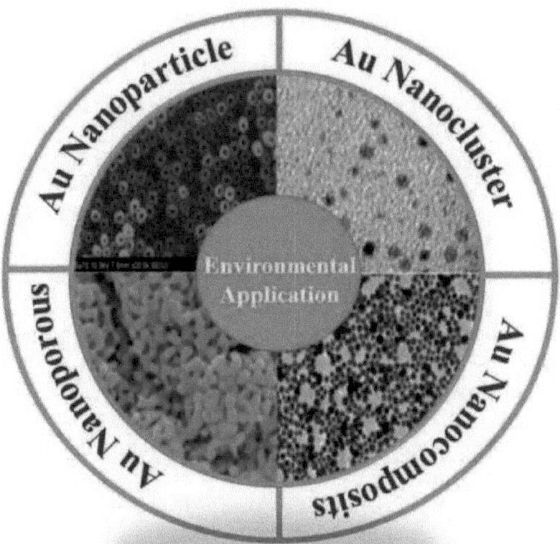

Fig. IV.1. Representação pictográfica de sensores electroquímicos ambientais baseados em nanomateriais de Au.

A utilização de eléctrodos modificados à base de nanopartículas de Au ou de eléctrodos nanométricos oferece numerosas vantagens, tais como uma melhor difusão das espécies electroactivas, uma elevada seletividade, uma melhor atividade catalítica e uma maior relação sinal/ruído (S/N). Estas propriedades são importantes para o desenvolvimento de um material de elétrodo nanoestruturado à base de Au para a deteção de analitos. Uma plataforma de sensor eletroquímico fácil para a deteção de iões de arsénio (As^{3+}) foi desenvolvida com base em nanopartículas de Au por Huang [5], onde foi estabelecida uma abordagem eletroquímica para a caraterização dos efeitos à nanoescala das nanopartículas de Au para aplicações electroanalíticas.

Este sensor ofereceu um processo simples e económico para o fabrico dos materiais do elétrodo, que mostrou um elevado valor de 16,15 µA µM^{-1} e um baixo limite de deteção de 32,5 µM. Verifica-se que o EDTA foi eficazmente utilizado para eliminar a interferência de vários iões metálicos. Os colaboradores de Mandler referiram que as superfícies dos eléctrodos modificadas com nanopartículas de Au apresentavam uma elevada sensibilidade e picos de remoção de mercúrio (Hg) mais nítidos e reprodutíveis [6]. Foi atingido um limite de deteção baixo de 1 µM L^{-1} para o Hg, o que foi conseguido com as nanopartículas de Au adsorvidas electrostaticamente em ITO. Verificaram que o Hg se desprende preferencialmente do ITO e não do Au e que a presença de uma quantidade reduzida de Au melhora o limite de deteção, servindo de locais de nucleação para a sua deposição.

O material de elétrodo Au em nanoescala tem sido eficazmente utilizado como portador de sinal amplificado para a conceção de várias plataformas de sensores. Entende-se que as nanopartículas de Au proporcionam uma ligação conveniente e estável entre o portador e as biomoléculas, proporcionando uma elevada resposta eletroquímica ao sistema de deteção. Foi criado um sensor para a deteção de iões de mercúrio (Hg^{2+}) com um limite de deteção atomolar (0,001 aM) [7]. A Fig. IV.2 mostra a representação esquemática da plataforma do sensor eletroquímico para a deteção de Hg^{2+}. Um limite de deteção tão baixo foi atingido principalmente pela estratégia do grafeno-Au e da amplificação do sinal pelo portador nanoAu. Para a deteção selectiva e sensível do Hg^{2+}, foram utilizadas três sondas de ADN de cadeia simples, que combinaram a química de coordenação T-Hg^{2+}-T.

Foi desenvolvido um sensor eletroquímico duplo simples e descartável para nitrato (NO_3^-) e Hg^{2+} com base em papel de impressão de carbono modificado com a combinação de selénio (Se) e nanopartículas de Au [8]. A seleção de nanopartículas de Se actua como um agente absorvente para o

Hg^{2+} e as nanopartículas de Au catalisam a redução de $NO3^-$ e Hg^{2+}. O sensor duplo apresentou uma sensibilidade melhorada de NO_3^- e Hg^{2+} com limites de deteção de 8,6 µM e 1,0 ppb, respetivamente.

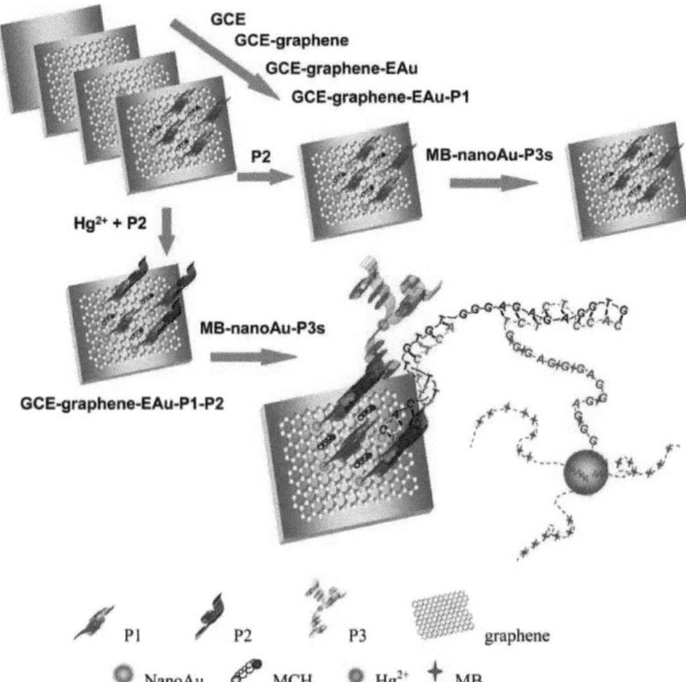

Fig. IV.2. A abordagem de deteção para a deteção sensível de Hg^{2+} é ilustrada esquematicamente. (Reproduzido com permissão da Ref. [7]). © 2015 American Chemical Society.

A fim de melhorar a estabilidade e a reprodutibilidade da plataforma do sensor, foram envidados muitos esforços para refrescar a superfície do sensor para a deteção de poluentes ambientais. Por exemplo, foram utilizados numerosos métodos, como o recozimento em vácuo, a ablação por laser, a gravação por chama, a gravação química oxidativa e a polarização eletroquímica, para refrescar a superfície dos eléctrodos. No entanto, estas estratégias conduzem facilmente a alterações na química da superfície e na estrutura do elétrodo, afectando assim negativamente a cinética de transferência de electrões. Recentemente, Hu *et al.* estabeleceram uma abordagem para limpar os eléctrodos através da irradiação de luz UV ou visível sem afetar a atividade dos eléctrodos. Foi desenvolvida uma plataforma de sensor foto-eletroquímico renovável para a deteção do bisfenol A (BPA) com base em nanopartículas de Au modificadas com matrizes de nanotubos (NTAs) de TiO_2 dopadas com carbono [9]. O sensor desenvolvido apresentou uma excelente atividade eletroquímica e uma elevada sensibilidade (2,8 µA µM^{-1} cm^{-2}) com o limite de deteção de 6,2 nM (S/N = 3) para o BPA devido à combinação de propriedades electrocatalíticas e actividades fotocatalíticas.

4.2 Nanopartículas de prata

Devido à elevada condutividade, ao sinal eletroquímico amplificado e à excelente biocompatibilidade, o desenvolvimento da plataforma de sensores baseada em nanopartículas de Ag teve um impacto significativo nas aplicações ambientais. Nas últimas duas décadas, foram envidados grandes esforços para a conceção de novos métodos analíticos baseados em nanopartículas de Ag e seus nanocompósitos para a segurança alimentar e a monitorização ambiental [10, 11]. As nanopartículas de Ag foram reconhecidas como um dos grupos mais importantes de nanomateriais para métodos de deteção eletroquímica e biossensorização. Os materiais de elétrodo baseados em nanopartículas de prata abriram a oportunidade de criar novas plataformas analíticas para poluentes ambientais orgânicos, inorgânicos e biológicos emergentes devido à sua elevada sensibilidade e especificidade [12-18].

A incorporação das nanopartículas de Ag em numerosas matrizes, tais como óxidos metálicos, redes de silicatos, polímeros, grafeno, fibras, dendrímeros, etc., proporciona um melhor desempenho de deteção com elevada estabilidade devido à utilidade alargada dos materiais. A sensibilidade e a estabilidade da plataforma do sensor estão relacionadas com a dispersão e a prevenção do processo de agregação das nanopartículas de Ag na rede ou nas matrizes. As nanopartículas de prata são estabilizadas *através de* repulsão estérica e repulsão eletrostática dos agentes estabilizadores com polímeros ou outras matrizes.

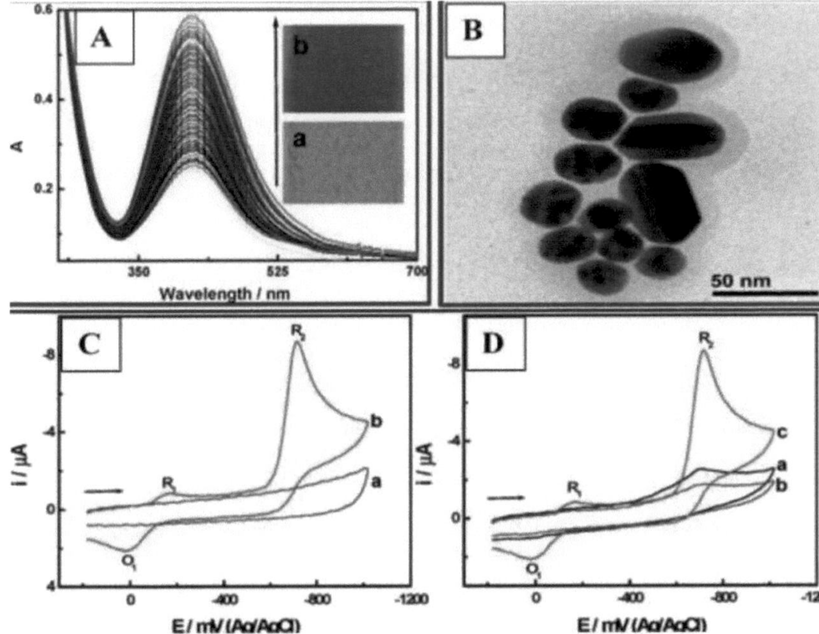

Fig. IV.3. (A) Espectros de absorção que mostram a formação de nanopartículas de prata. Inserção: Fotografias das soluções tiradas antes (a) e depois (b) do crescimento das nanopartículas de prata. (B) Imagem HRTEM das nanoestruturas de prata-silicato com núcleo e casca. (C) CVs obtidos no elétrodo GC/EDAS- Ag$_{nps}$ na ausência (a) e na presença (b) de 100 µM de nitrobenzeno. (D) CVs obtidos para 100 µM de nitrobenzeno em eléctrodos GC nus (a), GC/EDAS (b) e GC/EDAS-Ag$_{nps}$ (c). Eletrólito: 0,1 M PB (pH 7,2); Velocidade de varrimento: 50 mV/s. (Reproduzido com permissão da Ref. [19]). © 2009 American Chemical Society.

Por exemplo, Maduraiveeran *et al.* desenvolveram uma plataforma de sensor amperométrico baseada em nanopartículas de Ag e nanopartículas de prata-silicato para a deteção de compostos nitroaromáticos [19]. Como se mostra na Fig. IV.3A, o crescimento de nanopartículas de prata-silicato com núcleo e concha foi observado visualmente com base na redução de iões Ag$^+$ a partir da mudança de cor de incolor. A inserção na Fig. IV.3A mostra as fotografias da mistura de soluções antes (A) e depois (B) da agitação. A imagem HRTEM apresentada na Fig. IV.3B, registada para as nanopartículas de prata com casca de silicato, mostra uma espessura da casca de silicato de 5-7 nm, o que demonstra a versatilidade da arquitetura da casca para a deteção de compostos nitroaromáticos. Os nanomateriais com núcleo e casca desenvolvidos apresentaram uma excelente atividade na redução do nitrobenzeno (Figs. IV.3B e IV.3B). O sensor resultante exibiu uma excelente atividade para a deteção de nitroaromáticos com um baixo limite de deteção de 5 nM. Além disso, o sensor manteve-se estável durante mais de cinco dias, com resultados reprodutíveis, devido à imobilização das nanopartículas na rede de silicato funcionalizada com amina. Os colaboradores de Sadik demonstraram recentemente uma plataforma de sensor eletroquímico baseada em nanopartículas de Ag incorporadas na matriz polimérica de ácido poli(amico) (PAA) (PAA-Ag NPs) para nitrobenzeno [20]. O sensor baseado em nanopartículas de PAA-Ag apresentou um limite de deteção de 1,68 μM com uma ampla gama linear de 10 - 600 μM e uma elevada sensibilidade de 7,88 μA μM^{-1} com efeitos de interferência mínimos em compostos nitroaromáticos estruturalmente semelhantes.

Foi estabelecida uma plataforma de biossensor eletroquímico sem marcadores com nanopartículas de Ag em vDNA alargado com desoxinucleotidiltransferase terminal (TdT) para a deteção sensível de Hg^{2+} [21]. O biossensor desenvolvido demonstrou um elevado desempenho na deteção de Hg^{2+} com um limite de deteção de 3 μM com boa reprodutibilidade e elevada seletividade em relação a outros iões metálicos interferentes. O sensor simultâneo desenvolvido para a deteção de iões de chumbo (Pb^{2+}), iões de cádmio (Cd^{2+}) e iões de cobre (Cu^{2+}) foi desenvolvido com base em nanoplacas de Ag (Ag NPls) utilizando um dispositivo analítico microfluídico baseado em papel (pPAD) associado a métodos electroquímicos e colorimétricos duplos [7]. O limite de deteção baixo foi de 0,1 ng mL^{-1} para todos os metais.

Este sensor simultâneo foi testado com sucesso em amostras reais e estas foram quantificadas com o método ICP-OES, confirmando a precisão e a fiabilidade do sensor. Este sensor poderá ser útil para análises alimentares e ambientais. É interessante notar que o grupo de Compton desenvolveu recentemente uma técnica nano-eletroquímica para a deteção rápida de vírus da gripe individuais marcados com nanopartículas de Ag [18]. Neste método analítico, as nanopartículas de Ag foram adsorvidas à superfície do vírus. Os picos de corrente foram registados com um potencial suficiente aplicado a um elétrodo de carbono, que se relacionava com a oxidação das nanopartículas que guarneciam o vírus. A frequência da corrente e a sua magnitude foram linearmente proporcionais à concentração de vírus e à cobertura da superfície das nanopartículas, respetivamente.

Os imunossensores electroquímicos à base de nanopartículas de prata combinam os méritos da tecnologia eletroquímica e dos imunoensaios em termos de resposta rápida, elevada sensibilidade e especificidade e facilidade de fabrico. Têm atraído muita atenção para a monitorização de numerosas substâncias a analisar, incluindo pequenas moléculas orgânicas e inorgânicas, microrganismos e vírus. Os colaboradores de Zeng desenvolveram recentemente um imunossensor eletroquímico sensível para a deteção e determinação do vírus da gripe aviária H7 (AIV H7) utilizando nanopartículas de Ag-grafeno (Ag NPs- GR) como marcadores em imunoensaios clínicos [13]. Este sensor apresentou um baixo limite de deteção de 1,6 pg mL^{-1} com uma vasta gama de trabalho de 1,6 mg a 16 ngmL^{-1} . O ensaio eletroquímico desenvolvido pode ser potencialmente utilizado para detetar outros microrganismos patogénicos.

4.3 Nanopartículas de platina

Na última década, as nanopartículas de Pt têm atraído muita atenção no domínio dos sensores electroquímicos para várias aplicações ambientais devido às suas propriedades electrónicas e electrocatalíticas distintas. As propriedades das nanopartículas de Pt podem ser facilmente influenciadas pelas distâncias das ligações interatómicas dependentes da estrutura, pela reatividade química e pelas propriedades electrónicas. O processo de transferência de electrões das nanopartículas de Pt pode ser significativamente influenciado pela composição química, estado da superfície, estrutura cristalina, orientação do eixo cristalográfico e outros parâmetros. Os materiais de elétrodo baseados em nanocompósitos de platina em sensores são um método eficaz para a extensão das suas propriedades electrónicas e electroquímicas [22-24].

Os materiais para eléctrodos à base de nanopartículas de platina podem ser preparados *por* redução química, síntese de vapor metálico, deposição eletroquímica e fotoquímica, etc. A escolha da estratégia também desempenha um papel fundamental no desenvolvimento das nanopartículas de Pt na superfície de numerosos eléctrodos, que apresentam uma inércia química superior, boa estabilidade, baixa corrente de fundo, elevado desempenho catalítico e de deteção [24-29]. Os colaboradores de Einaga desenvolveram recentemente uma plataforma de sensores baseada em nanopartículas de Pt depositadas electroquimicamente numa superfície de diamante dopado com boro (BDD) para a deteção de peróxido de hidrogénio (H O_{22}) [27]. A abordagem de deposição eletroquímica é adequada para construir as nanopartículas de Pt no elétrodo BDD devido à sua simplicidade e facilidade de fabrico. Verificou-se que o limite de deteção era de 100 nM com uma vasta gama linear de 0,05 - 20 mM. Além disso, este sensor foi utilizado num teste de tira imunocromatográfica para a deteção de melamina.

Já foram desenvolvidos esforços de investigação com base na aplicação da microfluídica, o que tem incentivado o desenvolvimento de novas técnicas analíticas para análises rápidas, de alta resolução e sensibilidade. O grupo de Amatore desenvolveu os métodos analíticos baseados em eléctrodos de microcanais, que podem ser utilizados para compreender os regimes de transporte de massa e aumentar o desempenho dos sensores [26]. Foram microfabricados eléctrodos à base de Pt revestida com Pt preta (Pt/Pt preta) para a deteção sensível de H2O2 e nitritos (NO_2^-) em PBS. A área de superfície ativa dos eléctrodos de Pt/Pt-preto permitiu escapar ao efeito de inibição, o que levou a uma estabilidade a longo prazo, em contraste com os eléctrodos de Pt nus. O sensor baseado em eléctrodos de Pt/Pt-preto apresentou limites de deteção de 10 e 12 nM para H2O2 e NO_2^- respetivamente.

As nanopartículas de platina dispersas em grafeno, as microesferas de sílica mesoporosa, os nanomateriais de óxidos metálicos, etc., foram desenvolvidos com êxito para a deteção avançada de poluentes emergentes. Por conseguinte, a conceção de novos nanomateriais compósitos é altamente desejável para a construção de sensores electroquímicos avançados, em especial para compostos nitroaromáticos. Os nanocubos côncavos de PtPd dispersos em nanofitas de grafeno (PtPd-rGO NRs) foram preparados através de um processo hidrotérmico para a deteção de trinitrotolueno (TNT) por Zhang *et al.* [27]. A plataforma de sensores baseada em PtPd-rGO NRs demonstrou uma ampla gama linear de 0,01 a 3 ppm com um limite de deteção de 0,8 ppb para o TNT. O sensor eletroquímico para isómeros de naftol (NAP) baseado em nanopartículas de β-ciclodextrina *(β* -CD)-Pt (Pt NPs)/nanohíbridos de nanofolhas de grafeno (GNs) *(fi* -CD-PtNPs/GNs)[78]. Este sensor apresentou uma gama de resposta linear de 0,8 - 220 nM para α-NAP e 3 - 300 nM para β-NAP, com limites de deteção melhorados.

Recentemente, Mahmoudian *et al.* desenvolveram um sensor eletroquímico sensível para Hg^{2+} utilizando um polipirrol revestido de platina nanoesférica (Pt/PPy NSs) [28]. O sensor eletroquímico apresentou uma gama linear entre 5 e 500 nM com um limite de deteção de 0,27 nM para o Hg^{2+} . Apresentou uma sensibilidade de 1,239 mA nM^{-1} cm^{-2} com uma elevada seletividade em relação a outras interferências de Ag^+ , Fe^{2+} , Mn^{2+} , K^+ , Pd^{2+} , Cu^{2+} , Ni^{2+} , Pb^{2+} , Sn^{2+} e Zn^{2+} , apresentando uma forte perspetiva para a deteção de Hg^{2+} , como se mostra na Fig. IV.4.

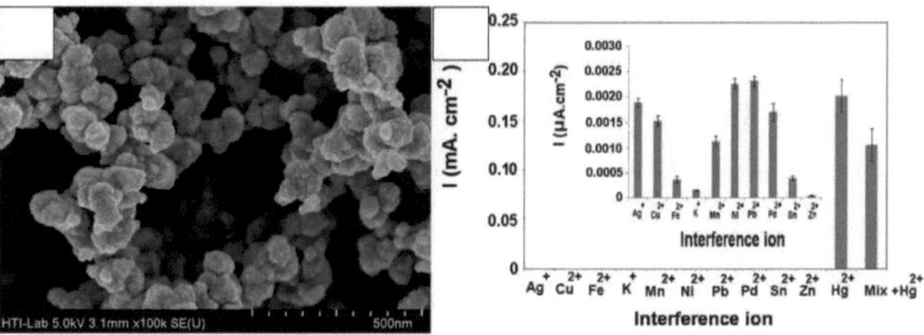

Fig. IV.4. (A) Imagens FE-SEM dos nanomateriais Pt/PPy. (B) A seletividade do sensor eletroquímico de Hg^{2+} na presença de outros iões metálicos. (Reproduzido com permissão da Ref. [28]). © 2016 Royal Society of Chemistry.

4.4 Nanopartículas de paládio

As nanopartículas de paládio têm atraído muito mais interesse devido às suas extensas aplicações catalíticas e de sensores para gases, biomoléculas e moléculas tóxicas perigosas [29-33]. Os materiais de elétrodo à base de nanopartículas de Pd apresentam elevadas actividades electrocatalíticas em relação a vários analitos. A abundância de Pd em relação a outros metais nobres, como o Au e o Pd, constitui um substituto mais barato para utilização na conceção de várias plataformas de deteção eletroquímica [34].

Diversos nanomateriais à base de Pd, incluindo metais, óxidos metálicos e nanomateriais de carbono com estruturas adaptáveis e composição variável, têm sido eficazmente aplicados na deteção de numerosos poluentes devido às suas atractivas propriedades electrónicas e elevadas actividades catalíticas. Os nanocompósitos à base de Pd podem melhorar a difusão em massa das substâncias a analisar, o que permite a transferência de electrões entre o local ativo e o elétrodo, conduzindo a um elevado desempenho de deteção eletroquímica.

Foi desenvolvida uma plataforma de sensor eletroquímico simples, sensível e simultâneo para a deteção de iões metálicos tóxicos utilizando nanopartículas de Pd (NPs de Pd) dispersas em carvões activados porosos (CAPs) [32]. Devido às elevadas porosidades, à elevada área de superfície e aos grandes volumes de poros, os CAPs são eficazmente utilizados como suporte sólido para a dispersão de nanopartículas de Pd, revelando-se vantajosos para as aplicações como plataforma de sensor para a deteção de múltiplos analitos Cd^{2+}, Pb^{2+}, Cu^{2+}, e Hg^{2+} com limites de deteção nanomolares. Como se mostra na Fig. IV.5, o sensor eletroquímico desenvolvido demonstrou uma excelente atividade electrocatalítica, seletividade, sensibilidade e baixo limite de deteção para a deteção de iões de metais pesados, mesmo numa amostra real de leite.

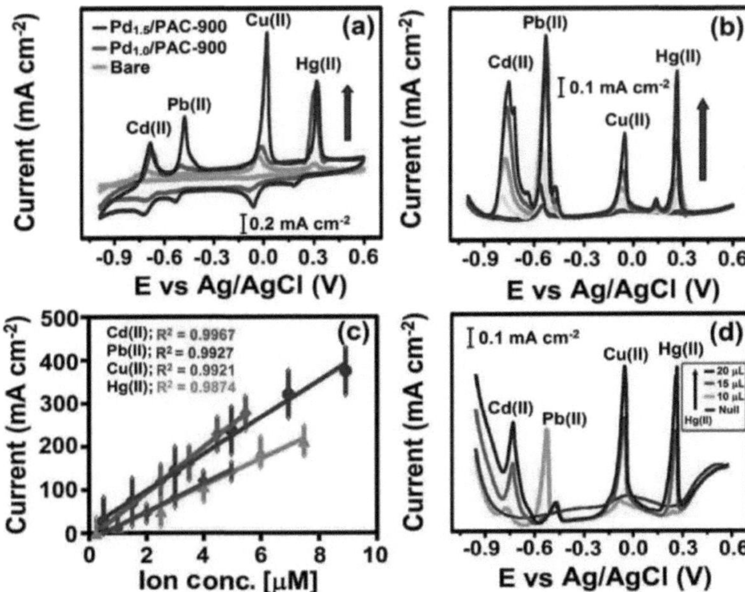

Fig. IV.5. (a) CVs dos eléctrodos nus, Pd₁.₀ /PAC-900, e Pd₁.₅ /PAC-900 numa mistura de 3,5 µM Cd^{2+} , 3,2 µM Pb^{2+} , 6,0 µM Cu^{2+} e 3,2 µM Hg^{2+} . (b) Curvas DPV do elétrodo Pdi.s/PAC-900 registadas sob diferentes concentrações de iões metálicos (0,5-8,9 µM) e (c) gráficos de calibração linear correspondentes. Eletrólito: 0,1 M ABS (pH 5,0); Velocidade de varrimento: 50 mVs^{-1} . (d) Semelhante a (b) mas na presença de uma mistura de uma amostra de leite real com analitos de iões metálicos: 2,4 µM Cd^{2+} , 2,9 µM Pb^{2+} , 2,9 µM Cu^{2+} e quantidades variadas de Hg^{2+} (10 - 20 µM). Eletrólito: 5mL de extrato de leite com 5 mL de ABS (pH = 5). (Reproduzido com permissão da Ref. [32]). © 2016 American Chemical Society.

Devido a um efeito sinérgico entre as nanopartículas de Pd e os PACs, o sensor atingiu um melhor desempenho de deteção eletroquímica. Os colaboradores de Wei desenvolveram um sensor simultâneo para ractopamina (RAC), salbutamol (SAL) e clenbuterol (CLB) baseado em óxido de grafeno reduzido (rGO) e nanopartículas de Ag-Pd (AgPd NPs) [35]. Alguns países europeus estabeleceram uma regulamentação rigorosa para estas moléculas nos alimentos para animais como tolerâncias zero. Este sensor multiplexado apresentou uma gama linear de 0,01 a 100 ng mL^{-1} com limites de deteção de

1,52 pg mL^{-1} , 1,44 mL^{-1} e 1,38 mL^{-1} , respetivamente. Nesta plataforma de sensores, as nanopartículas de AgPd ofereceram um sinal eletroquímico forte que pode ser utilizado para detetar estas moléculas com sensibilidades elevadas.

As nanopartículas de paládio incorporadas com polipirrol (PPy) são um material de elétrodo de deteção eficaz para uma vasta gama de aplicações em vários domínios de investigação devido às suas excelentes propriedades. Um sensor eletroquímico de nitratos foi desenvolvido com base em nanoclusters de Pd com PPy (Pd NCs-PPy) por Silakhori *et al.* [30]. A voltametria de pulso diferencial (DPV) foi utilizada para a deteção de NO_3^- em tampão fosfato 0,1 M (PB) a pH 7. O sensor eletroquímico baseado em Pd NCs-PPy apresentou duas parcelas lineares. A primeira gama linear aumenta de 100 para 800 μM, e a segunda gama linear aumenta de 800 para 1400 μM. O limite de deteção baixo foi de 0,45 μM. Sophia *et al.* desenvolveram um sensor eletroquímico de H O_{22} baseado em nanopartículas de Pd estabilizadas com polivinilpirrolidona (PVP) [34]. Os polímeros vinílicos oferecem a capacidade de preservar a atividade catalítica inerente das nanopartículas metálicas intactas com a estabilidade química e a afinidade do polímero vinílico PVP em relação ao metal Pd. A plataforma de sensor resultante mostrou um limite de deteção de 8 nM com uma ampla gama entre 0,01 μM e 1 μM com base nos resultados amperométricos. A Tabela 1 mostra uma lista de numerosas plataformas de sensores electroquímicos e biossensores baseados em nanomateriais de metais nobres para aplicações ambientais discutidas no presente capítulo.

Tabela IV.1. Lista de sensores electroquímicos ambientais baseados em nanomateriais nobres seleccionados.

Materials	Pollutants	Detection limit	Linear range	Ref
Au NPs	As^{3+}	32.5 pM	1.3 – 200 nM	[5]
Au NPs	Hg	$1~\mu M~L^{-1}$	-	[6]
Au-Graphene	Hg^{2+}	0.001 aM	1.0 aM - 100 nM	[7]
Au-Se NPs	NO_3^-	8.6 µM	16 µM – 5 mM	[8]
	Hg^{2+}	1.0 ppb	14 – 3500 ppb	
Au-TiO$_2$ NTAs	BPA	6.2 nM	0.1 µM – 38.9 µM	[9]
Ag-Si core-shell NPs	NAC	2.5 nM	2.5 nM – 10 µM	[19]
	NB	1.68 µM	10 – 600 µM	[20]
Ag NPs-*ss*DNA	Hg^{2+}	3 pM	0.01 – 100 nM	[21]
Ag NPls	Pb^{2+}, Cd^{2+}, Cu^{2+}	$0.5~ng~mL^{-1}$	$0.5 – 70~ng~mL^{-1}$	[18]
Ag NPs	*E.* coli	0.4 pM	0.4 – 1.3 pM	[19]
Ag NPs-GR	AIV H7	1.6 pg/mL	1.6 mg - 16 ng/mL	[13]
Pt NPs	H_2O_2	100 nM	0.05 – 20 mM	[26]
Pt/Pt-black	H_2O_2	7 nM	7 nm – 5 mM	[25]
	NO_2^-	12 nM	12 nm – 5 mM	
PtPd-rGO NRs	TNT	0.8 ppb	0.01 to 3 ppm	[27]
β -CD-PtNPs/GNs	α-NAP	0.23 nM	0.8 - 220 nM	[29]
	β -NAP	0.37 nM	3 - 300 nM	
Pt/PPy NSs	Hg^{2+}	0.27 nM	5 to 500 nM	[28]
rGO-AgPd NPs	RAC	$1.52~pg~mL^{-1}$	$0.01 - 100~ng~mL^{-1}$	[35]
	SAL	$1.44~mL^{-1}$	$0.01 - 100~ng~mL^{-1}$	
	CLB	$1.38~mL^{-1}$	$0.01 - 100~ng~mL^{-1}$	
Pd NCs-PPy	NO_3^-	0.45 µM	100 - 1400 µM	[30]
Pd NPs-PVP	H_2O_2	8 nM	0.01 µM - 1 µM	[34]
Pd WLNCs/g-C$_3$N$_4$	OPs	0.33 nM	1.0 nM -14.9 µM	[33]
	hupA	1.30 nM	3.9 nM - 20.8 µM	

NPs: nanopartículas; NAC: compostos nitroaromáticos; PAA: ácido poli(amico); NB: nitrobenzeno; NPls: nanoplacas; GR: grafeno; AIV H7: vírus da gripe aviária H7; NRS: nanofitas; TNT: trinitrotolueno; fl -CD: f-ciclodextrina; GNs: nanofolhas de grafeno; NAP: naftol; PPy NSs: polipirrol nanoesférico; PPy: polipirrol; NCs: nanoclusters; OPs: pesticidas organofosforados; hupA: huperzina; WLNCs/g-C3N4: nanochains wormlike/nitreto de carbono grafítico.

Referências

[1] C. Fenzl, T. Hirsch, A.J. Baeumner, Nanomateriais como ferramentas versáteis para amplificação de sinais em aplicações (bio)analíticas, Trends Anal. Chem., 79 (2016) 306-316.

[2] H. Li, D. Xu, nanopartículas de prata como rótulos para aplicações em bioensaios, Trends Anal. Chem., 61 (2014) 67-73.

[3] C.L. Bentley, M. Kang, P.R. Unwin, Time-resolved detection of surface oxide formation at individual gold nanoparticles: role in electrocatalysis and new approach for sizing by electrochemical impacts, J. Am. Chem. Soc., 138 (2016) 12755-12758.

[4] B. Wolfrum, E. Katelhon, A. Yakushenko, K.J. Krause, N. Adly, M. Huske, P. Rinklin, Nanoscale electrochemical sensor arrays: redox cycling amplification in dualelectrode systems, Acc. Chem. Res., 49 (2016) 2031-2040.

[5] H.H. Chen, J.F. Huang, deteção altamente seletiva assistida por EDTA de As (3+) em eletrodos de carbono vítreo modificados com nanopartículas de Au: caraterização eletroquímica in situ fácil de nanopartículas de Au, Anal. Chem., 86 (2014) 12406-12413.

[6] N. Ratner, D. Mandler, deteção eletroquímica de baixas concentrações de mercúrio na água usando nanopartículas de ouro, Anal. Chem., 87 (2015) 5148-5155.

[7] Y. Zhang, G.M. Zeng, L. Tang, J. Chen, Y. Zhu, X.X. He, Y. He, sensor eletroquímico baseado em eletrodo modificado com grafeno-Au eletrodepositado e estratégia de sinal amplificado por portador de nanoAu para deteção de mercúrio attomolar, Anal. Chem., 87 (2015) 989996.

[8] M.P. Bui, J. Brockgreitens, S. Ahmed, A. Abbas, Deteção dupla de nitrato e mercúrio na água utilizando sensores electroquímicos descartáveis, Biosens. Bioelectron, 85 (2016) 280286.

[9] L. Hu, C.C. Fong, X. Zhang, L.L. Chan, P.K. Lam, P.K. Chu, K.Y. Wong, M. Yang, nanopartículas de Au fecoradas TiO_2 matrizes de nanotubos como um sensor reciclável para deteção eletroquímica fotoenriquecida de bisfenol A, Environ. Sci. Technol., 50 (2016) 4430-4438.

[10] V. Brasiliense, A.N. Patel, A. Martinez-Marrades, J. Shi, Y. Chen, C. Combellas, G. Tessier, F. Kanoufi, Correlated electrochemical and optical detection reveals the chemical reactivity of individual silver nanoparticles, J. Am. Chem. Soc., 138 (2016) 3478-3483.

[11] N. Xia, X. Wang, B. Zhou, Y. Wu, W. Mao, L. Liu, deteção eletroquímica de oligómeros amiloide-beta com base na amplificação do sinal de uma rede de nanopartículas de prata, ACS Appl. Mater. Interfaces, 8 (2016) 19303-19311.

[12] H. Xie, Q. Wang, Y. Chai, Y. Yuan, R. Yuan, Amplificação de ciclagem assistida por enzimas e deposição in-situ de nanopartículas de prata com modelo de ADN para a deteção eletroquímica sensível de Hg(2+), Biosens. Bioelectron, 86 (2016) 630-635.

[13]	J. Huang, Z. Xie, Z. Xie, S. Luo, L. Xie, L. Huang, Q. Fan, Y. Zhang, S. Wang, T. Zeng, Silver nanoparticles coated graphene electrochemical sensor for the ultrasensitive analysis of avian influenza virus H7, Anal. Chim. Ata, 913 (2016) 121-127.

[14]	J.C. Cunningham, M.R. Kogan, Y.-J. Tsai, L. Luo, I. Richards, R.M. Crooks, Sensor à base de papel para deteção eletroquímica de etiquetas de nanopartículas de prata por troca galvânica, ACS Sensors, 1 (2016) 40-47.

[15]	M. Bonyani, A. Mirzaei, S.G. Leonardi, G. Neri, eléctrodos modificados por nanopartículas de prata/ácido polimetacrílico (AgNPs/PMA) híbridos para a deteção eletroquímica de iões nitrato, Measurement, 84 (2016) 83-90.

[16]	J.V. Kumar, R. Karthik, S.M. Chen, V. Muthuraj, C. Karuppiah, Fabrico de microestruturas de molibdato de prata tipo batata para a degradação fotocatalítica da toxicidade crónica da ciprofloxacina e deteção eletroquímica altamente selectiva de H O_{22} , Sci. Rep., 6 (2016) 34149.

[17]	S. Chaiyo, A. Apiluk, W. Siangproh, O. Chailapakul, Determinação simultânea de alta sensibilidade e especificidade de chumbo, cádmio e cobre usando pPAD com deteção eletroquímica e colorimétrica dupla, Sensores e Atuadores B: Química, 233 (2016) 540-549.

[18]	L. Sepunaru, B.J. Plowman, S.V. Sokolov, N.P. Young, R.G. Compton, Deteção eletroquímica rápida de vírus influenza únicos marcados com nanopartículas de prata, Chem. Sci., 7 (2016) 3892-3899.

[19]	G. Maduraiveeran, R. Ramaraj, Anal. Chem, Potential sensing platform of silver nanoparticles embedded in functionalized silicate shell for nitroaromatic compounds, 81 (2009) 7552.

[20]	V.M. Kariuki, S.A. Fasih-Ahmad, F.J. Osonga, O.A. Sadik, Um sensor eletroquímico para nitrobenzeno utilizando nanosilver incorporado com polímero pi-conjugado, Analyst, 141 (2016) 2259-2269.

[21]	Z. Li, X. Miao, K. Xing, X. Peng, A. Zhu, L. Ling, sensor eletroquímico ultrassensível para Hg (2+) usando reação em cadeia de hibridização acoplada a nanopartículas de casca central Ag @ Au, Biosens. Bioelectron, 80 (2016) 339-343.

[22]	S.E. Kleijn, B. Serrano-Bou, A.I. Yanson, M.T. Koper, Influência da agregação induzida por hidrazina na deteção eletroquímica de nanopartículas de platina, Langmuir, 29 (2013) 2054-2064.

[23]	H. Zhang, X. Xu, Y. Yin, P. Wu, C. Cai, deteção eletroquímica não enzimática de glicose com base em Pd Pt_{13} - nanomateriais de grafeno, J. Electroanal. Chem., 690 (2013) 1924.

[24]	E. Lebegue, C.M. Anderson, J.E. Dick, L.J. Webb, A.J. Bard, Deteção eletroquímica de colisões de vesículas de fosfolípidos simples num ultramicroelectrodo de Pt, Langmuir, 31 (2015) 11734-11739.

[25]	Y. Li, C. Sella, F. Lemaitre, M. Guille Collignon, L. Thouin, C. Amatore, Eléctrodos de platina revestidos a preto e platina altamente sensíveis para deteção eletroquímica de peróxido de

hidrogénio e nitrito em microcanais, Electroanalysis, 25 (2013) 895-902.

[26]   B. Rismetov, T.A. Ivandini, E. Saepudin, Y. Einaga, Deteção eletroquímica de peróxido de hidrogénio em eléctrodos de diamante modificados com platina para aplicação em testes de tiras de melamina, Diamond and Related Materials, 48 (2014) 88-95.

[27]   R. Zhang, CL Sun, YJ Lu, W. Chen, nanocubos côncavos de PtPd suportados por nanoribras de grafeno para deteção eletroquímica de TNT com alta sensibilidade e seletividade, Anal. Chem., 87 (2015) 12262-12269.

[28]   M.R. Mahmoudian, W.J. Basirun, Y. Alias, Um sensor eletroquímico sensível de iões Hg^{2+} baseado em platina nanoesférica revestida com polipirrol, RSC Adv., 6 (2016) 36459-36466.

[29]   G. Zhu, P. Gai, L. Wu, J. Zhang, X. Zhang, J. Chen, nanopartículas de beta-Ciclodextrina-platina/nanohíbridos de grafeno: sensibilidade melhorada para a deteção eletroquímica de isómeros de naftol, Chem Asian J, 7 (2012) 732-737.

[30]   M.R. Mahmoudian, Y. Alias, W.J. Basirun, P. MengWoi, F. Jamali-Sheini, M. Sookhakian, M. Silakhori, Um sensor eletroquímico sensível de nitrato baseado em nanoclusters de paládio revestidos com polipirrol, J. Electroanal. Chem., 751 (2015) 30-36.

[31]   D. Wu, X. Ren, L. Hu, D. Fan, Y. Zheng, Q. Wei, aptasensor eletroquímico para a deteção de adenosina usando bienzimas suportadas por PdCu@MWCNTs como rótulos, Biosens. Bioelectron, 74 (2015) 391-397.

[32]   P. Veerakumar, V. Veeramani, S.M. Chen, R. Madhu, S.B. Liu, Carvão ativado poroso incorporado com nanopartículas de paládio: deteção eletroquímica de iões metálicos tóxicos, ACS Appl. Mater Interfaces, 8 (2016) 1319-1326.

[33]   B. Wang, C. Ye, X. Zhong, Y. Chai, S. Chen, R. Yuan, Biossensor eletroquímico para a deteção de pesticidas organofosforados e huperzina-A com base em nanochains de Pd semelhantes a vermes/nanocompósitos de nitreto de carbono grafítico e acetilcolinesterase, Electroanalysis, 28 (2016) 304-311.

[34]   J. Sophia, G. Muralidharan, nanoesferas de paládio estabilizadas com polivinilpirrolidona como sensor eletroquímico simples e novo para deteção amperométrica de peróxido de hidrogênio, J. Electroanal. Chem., 739 (2015) 115-121.

[35]   H. Wang, Y. Zhang, H. Li, B. Du, H. Ma, D. Wu, Q. Wei, Um biossensor eletroquímico baseado em nanopartículas de liga de prata-paládio para deteção simultânea de ractopamina, clenbuterol e salbutamol, Biosens. Bioelectron, 49 (2013) 14-19.

V. SENSORES AMBIENTAIS BASEADOS EM NANOMATERIAIS SEMICONDUTORES DE ÓXIDOS METÁLICOS

Os nanomateriais de óxido metálico são amplamente utilizados em vários domínios, como a eletroquímica, o magnetismo suave e a catálise. Tipicamente, as propriedades dos nanomateriais estão intimamente relacionadas com a área superficial específica. Foram utilizadas na electroanálise várias nanopartículas de óxidos metálicos, incluindo *óxido de níquel (NiO), óxido de cobre (CuO), óxido de ferro magnético (Fe2O3), óxido de zinco (ZnO), óxido de titânio (TiO2), óxido de estanho (SnO2), óxido de cobalto (CoO), óxido de manganês (MgO) e óxido de cério (CeO2), etc.* Além disso, a utilização de óxidos metálicos mistos tornou-se cada vez mais frequente devido aos métodos limitados para aumentar a atividade de um óxido que contém um único metal.

Um importante componente de sensor e biossensor de vários ensaios electroanalíticos que envolvem nanopartículas de óxido metálico são as enzimas, necessárias para a deteção específica e sensível de analitos na presença de compostos interferentes. A imobilização de enzimas na superfície do elétrodo é necessária porque a maioria das proteínas em solução não pode trocar electrões diretamente com o elétrodo, uma vez que as suas enormes e complexas cadeias polipeptídicas em torno dos seus centros redox, que estão frequentemente incorporados no núcleo da enzima, impedem a sua transferência de electrões com o elétrodo, pelo que a imobilização de enzimas na superfície do elétrodo constitui uma abordagem viável para aumentar a transferência de electrões com o elétrodo.

No entanto, a imobilização direta de enzimas na superfície de eléctrodos não modificados origina a sua desnaturação, uma vez que as estruturas das proteínas não são compatíveis com a superfície do elétrodo. Por estas razões, as nanopartículas de óxido metálico oferecem um ambiente biocompatível para as enzimas funcionarem no elétrodo, aumentam a sensibilidade do elétrodo facilitando a transferência de electrões entre a enzima e o elétrodo e catalisam a redução ou oxidação do substrato da enzima. A plataforma de sensores electroanalíticos, baseada em óxidos metálicos como o ferro, o níquel e outros, é focada neste capítulo para aplicações ambientais.

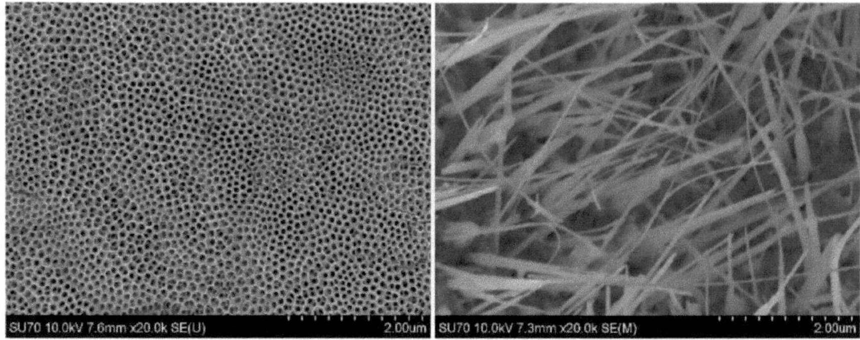

Fig. V.1. Imagens SEM dos nanomateriais 1-D TiO_2 (esquerda) e CuO (direita).

Para a síntese de óxidos metálicos nanoestruturados, os métodos químicos incluem a redução de iões metálicos e a separação controlada dos átomos metálicos formados a partir da solução a granel. Estes métodos são bastante favoráveis à obtenção de nanopartículas uniformes, tais como nanobastões, nanofibras, nanobelt, nanocomb e nanotubos [1-3]. Esta família de nanoestruturas unidimensionais (1D) (Fig. V.1) constitui um excelente modelo de sistema para a deteção eletroquímica de poluentes ambientais. Os sensores de gás resistivos (condutométricos) baseados em semicondutores de óxidos metálicos à escala nanométrica, tais como SnO_2, In_2O_3, ZnO, TiO_2 , WO_3 e NiO, desempenham um papel importante na monitorização ambiental de gases explosivos/tóxicos e de compostos orgânicos voláteis (COV) [4, 5].

O NiO é uma importante classe de semicondutores *do tipo p* que apresenta um grande intervalo de banda de ~3,6 eV e tem sido amplamente utilizado em sensores de gás, catalisadores, materiais para baterias, fibras ópticas activas, revestimentos electrocrómicos, eléctrodos de células de combustível e sensores electroquímicos. As nanopartículas de NiO têm sido amplamente utilizadas e provaram ser um electrocatalisador eficaz para a deteção de vários analitos devido à sua forte atividade electrocatalítica, baixo custo e elevada capacidade de captura orgânica. Como é sabido, a atividade electrocatalítica dos nanomateriais de óxido depende significativamente do seu tamanho e distribuição. Várias estratégias, como a deposição eletroquímica e a síntese hidrotérmica, têm sido utilizadas para preparar nanoestruturas à base de NiO para sensores de glicose.

O princípio de funcionamento do sensor de gás resistivo baseia-se na variação da resistência (condutividade eléctrica) causada pela alteração das moléculas do gás de teste na superfície dos eléctrodos. A fim de melhorar a sensibilidade e o limite de deteção, foram envidados esforços consideráveis na conceção e síntese controlável de nanoestruturas hierárquicas de óxidos metálicos, devido ao seu tamanho mais pequeno e aos portadores de carga característicos [6, 7]. A nanopartícula SnO_2 é um dos materiais de deteção mais utilizados em sensores de gás.

Em alguns casos de SnO_2 , os nanomateriais de nanodiscos/folhas/placas têm uma nanodimensão -cristalitos, os nanofios/cintas/fitas têm duas nanodimensões -cristalitos e os nanogrãos/esferas têm três nanodimensões -cristalitos. O processo do mecanismo do sensor de gás divide-se geralmente em três etapas sucessivas: (i) o processo dinâmico de adsorção e/ou reacções de gases na superfície do sensor, (ii) o processo de acumulação ou esgotamento de cargas superficiais pelos adsorvatos e (iii) a alteração da condutância dos materiais sensores, que é o indicador do sensor de gás.

Recentemente, Tyagi [4] relatou um sensor de gás perigoso de dióxido de enxofre (SO_2) utilizando uma película fina de SnO_2 integrada com vários óxidos metálicos nanoestruturados (PdO, CuO, NiO, MgO, $V O_{25}$). Foi demonstrado que o sensor de película fina de SnO_2 nua apresentou uma resposta de deteção de cerca de 1,3 a 220° C, enquanto que o sensor NiO/SnO_2 apresentou uma resposta de deteção melhorada (**~56**) para 500 ppm de gás SO_2 a uma temperatura baixa de 180° C, como se mostra na Fig. V.2. Os óxidos metálicos semicondutores do tipo n do estado sólido, em especial o SnO_2 , têm sido amplamente explorados como sensores de gás para uma variedade de analitos que funcionam normalmente a temperaturas entre 100 e 400 °C. Principalmente as películas de SnO2 microcristalinas e utilizadas para a deteção de espécies gasosas até concentrações de várias partes por milhão (ppm).

A elevada sensibilidade dos sensores de gás cresce no domínio da medicina, da indústria automóvel, dos cuidados de saúde e da indústria aeroespacial, pelo que surge uma forte motivação para desenvolver sensores capazes de detetar alterações da concentração de gás até várias partes por bilião (ppb). A deteção de moléculas de gás alvo, como os óxidos de mono-nitrogénio (NO, NO2), o amoníaco (NH3), o monóxido de carbono (CO), etc., é necessária em muitos domínios, especialmente na monitorização ambiental, devido à sua toxicidade e ao risco associado para o ecossistema. Já foi bem descrito que, em muitos países, a poluição gasosa é causada principalmente pela rápida industrialização que resulta em desequilíbrio ambiental e aquecimento global

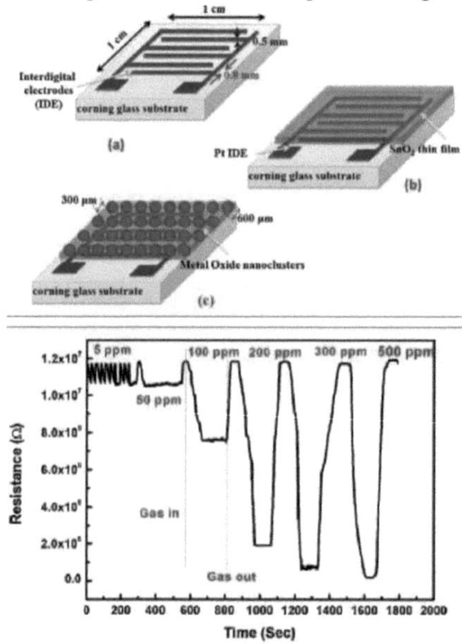

Fig. V.2. Esquema do sensor de óxido metálico NiO/SnO$_2$ (em cima) e a sua resposta transitória ao gás SO$_2$ a 180^0 C (em baixo). (Reproduzido com permissão da Ref. [4]). © 2016 Elsevier

Por exemplo, grandes quantidades de gás NO$_2$ são libertadas para o ambiente a partir de fontes de combustão e de automóveis, pelo que a deteção de NO$_2$ tem suscitado um interesse considerável, uma vez que é prejudicial para as plantas e para o sistema respiratório dos seres humanos e dos animais. Simultaneamente, o CO, um gás incolor, insípido e tóxico, é gerado principalmente pela queima de combustíveis fósseis e pelo mau funcionamento de equipamentos. Khong *et al.* [8] conceberam uma nanoestrutura hierárquica de SnO_2 /ZnO para a preparação em escala de sensores de etanol volátil de alto desempenho. Em primeiro lugar, foram fabricados backbones de SnO_2 nanowire (NW) monocristalinos de alta qualidade *através da* abordagem de evaporação térmica e, subsequentemente, ramos de nanobastões de ZnO (NR) foram cultivados verticalmente no eixo de SnO_2 NWs através do método hidrotérmico. Em comparação com o sensor de SnO_2 NWs nuas, as nanoestruturas hierárquicas apresentaram uma melhor resposta ao gás etanol e uma melhor seletividade para gases interferentes como o NH_3 , CO, H_2 , e CO_2 .

Nanocompósitos de óxidos metálicos

Por outro lado, o óxido metálico pode também ser incorporado em nanocompósitos para deteção ambiental do ponto de vista da electrocatálise [9-11]. Kumar *et al.* [12] desenvolveram um sensor direto e robusto de As(III) utilizando um elétrodo de ouro modificado com nanocubos de zircónia. Com base no comportamento de oxidação eletroquímica do As, a deteção foi conseguida por voltametria cíclica (CV) e cronoamperometria (CA) com uma ultra-sensibilidade de 550 nA cm^{-2} ppb^{-1} , um limite de deteção de 5 ppb e uma vasta gama linear de 5-60 ppb com um tempo de resposta de <2 areia é apresentado na Fig. V.3.Huang *et al.* [13] relataram a combinação de SnO_2 e óxido de grafeno reduzido (rGO) para a determinação eletroquímica simultânea e selectiva de iões de metais pesados ultratraços em água potável.

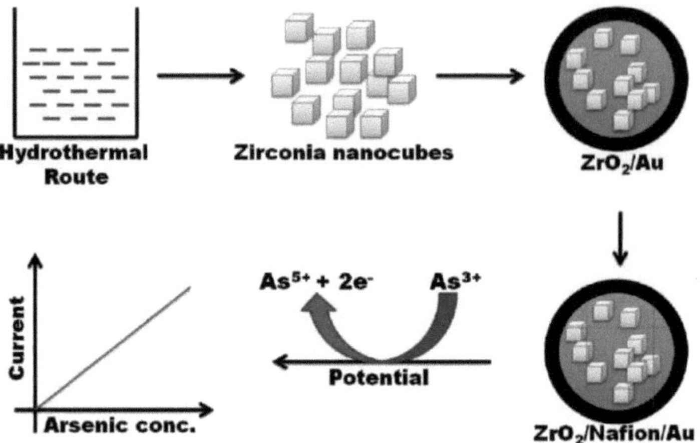

Fig. V.3. Esquema da deteção de arsénio na plataforma de deteção de nanocubos de zircónia. (Reproduzido com permissão da Ref. [12]) © 2016 Royal Society of Chemistry

Utilizou-se a voltametria de onda quadrada de stripping anódico (SWASV). O limite de deteção de 0,15 nM, 0,18 nM, 0,23nM e 0,27 nM foi obtido para Cd^{2+} , Pb^{2+} , Cu^{2+} e Hg^{2+} , respetivamente, satisfazendo bem o valor de orientação da Organização Mundial de Saúde (OMS). Da mesma forma, Wang *et al.* [14] demonstraram um nanocompósito tridimensional de rGO e nanocristais de Cu/Cu_2O (3D $Cu/Cu_2 O$@rGO) para detetar ractopamina (RAC) venenosa (Fig. V.4), que foi utilizada ilegalmente como aditivo alimentar para promover o crescimento de animais de criação. Em comparação com as nanoesferas de Cu_2O e o rGO poroso, o anticorpo de ractopamina (RACanti) tende a ancorar-se na superfície do nanocompósito 3D multifuncionalizado $Cu/Cu_2 O$@rGO, o que conduz a uma deteção mais sensível da RAC com um limite de deteção baixo de 7,5 pgmL^{-1} e uma gama linear de 0,1 ng mL^{-1} a 10,0 ng mL^{-1} . A interferência de outros pós de carne magra coexistentes, componentes da urina e iões metálicos pode ser eficazmente eliminada.

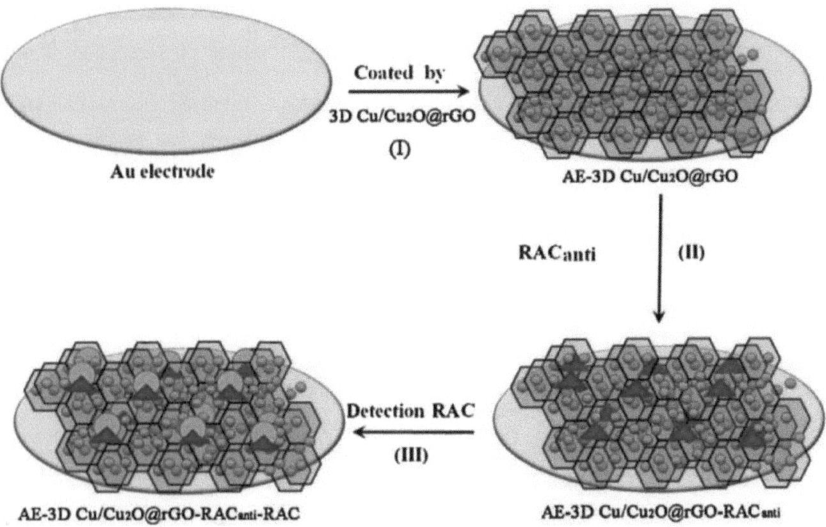

Fig. V.4. Método de fabrico do sensor eletroquímico RAC baseado no nanocompósito 3D Cu/Cu$_2$O@rGO.

Os líquidos iónicos (LI) são novos sais fundidos com um ponto de fusão próximo ou abaixo da temperatura ambiente, que incluem dois iões assimétricos de cargas opostas [15]. A elevada condutividade, a não volatilidade e a grande janela eletroquímica tornam os LI promissores para muitas aplicações de sensores electroquímicos. Gao *et al.* [16] desenvolveram uma plataforma descartável de deteção de As^{3+} integrando a elevada adsorção de microesferas de Fe O$_{34}$ e as vantagens do líquido iónico à temperatura ambiente (RTIL). O elétrodo de carbono serigrafado (SPCE) modificado com nanocompósito de Fe O$_{34}$ -RTIL ofereceu um desempenho ainda melhor do que os metais nobres habitualmente utilizados, particularmente com uma elevada sensibilidade de 4,91 µA ppb^{-1} . Os sensores electroquímicos à base de óxidos metálicos em nanoescala apresentam um novo protocolo para a monitorização ambiental.

Hussain et al. demonstraram uma plataforma de sensores electroquímicos baseada em nanoestruturas de Ag/TiO$_2$ anatase para a deteção de H O$_{22}$ [17]. Como se pode ver na Fig. V.5, as nanopartículas de Ag com um tamanho de 15 a 20 nm estavam bem dispersas na superfície do TiO_2 , revelando a formação de nanocompósitos. A plataforma de sensor eletroquímico baseada em nanoestruturas Ag/TiO_2 desenvolvida apresentou uma excelente atividade electrocatalítica para a redução de H_2O_2 . O sensor apresentou uma sensibilidade elevada de 73,35 mA mM^{-1} cm^{-2} com um tempo de resposta rápido inferior a 3 s. Além disso, o sensor fabricado apresentou uma gama linear de 2 a 30 mM com um limite de deteção de 0,5 mM (S/N = 3), como se mostra na Fig. V.3. A Tabela V.1 apresenta os nanomateriais semicondutores à base de óxidos metálicos utilizados como materiais de deteção para a deteção de vários analitos tóxicos e resume o seu desempenho analítico.

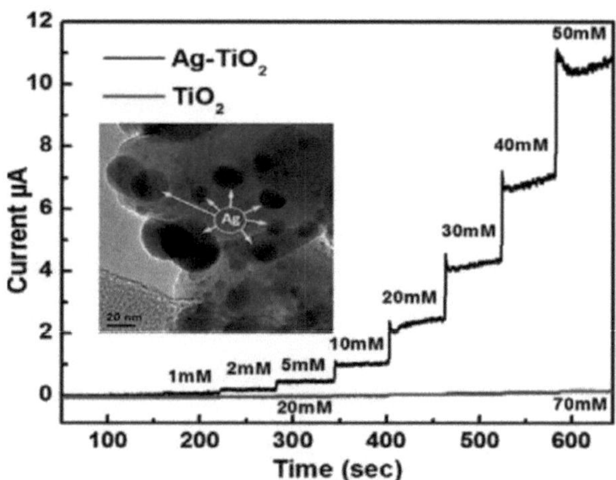

Fig. V.5. Desempenho de deteção dos nanomateriais TiO_2 e Ag/TiO_2 para a deteção de H_2O_2 . Inserir: Imagem TEM dos nanomateriais Ag/TiO_2 . (Reproduzido com permissão da Ref. [17]) © 2016 Elsevier

Quadro V.1. Lista de sensores ambientais baseados em nanomateriais semicondutores de óxidos metálicos seleccionados.

Materials	Pollutants	Detection limit	Linear range	Ref
SnO_2/ZnO	Ethanol	50 ppm	50 - 500 ppm	[8]
ZrO_2	As(III)	5 ppb	5 - 60 ppb	[12]
SnO_2/rGO	-	-	-	[13]
$Cu/Cu_2O@rGO$	Ractopamine	7.5 pgmL^{-1}	0.1 - 10.0 ng mL^{-1}	[14]
Fe_3O_4-RTIL	As(III)	-	-	[16]
Ag/TiO_2	H_2O_2	0.5 mM	2 - 30 mM	[17]
TiO_2NT-HRP-MB	Nitrophenol	90 nM	0.3 μM - 0.12mM	[18]
GO/Fe_2O_3- PB	NO & NO_2^-	6.6 & 13 μM	-	[19]
CuO/SWCNT	OPs	0.3 nM	0.3 – 0.6 μM	[20]
PdO/NiO	CO	1 ppm	1 – 10 ppm	[21]

rGO: óxido de grafeno reduzido; RTIL: líquido iónico à temperatura ambiente; HRP: peroxidase de rábano; MB: azul de metileno; PB: Azul da Prússia; SWCNT: nanotubo de carbono de parede simples; Ops: pesticidas organofosforados.

Referências

[1]   M.M.A. Kolmakov, Chemical sensing and catalysis by one-demensional metal-oxide nanostructures, Annu. Rev. Mater. Res., 34 (2004) 151-180.

[2]   H.-Y.W. Q. Zhang, X. Jia, B. Liu, Y. Yang, Nanoestruturas unidimensionais de óxido metálico para catálise heterogénea, Nanoscale, 5 (2013) 7175-7183.

[3]   R.A.P. R. S. Devan, J. H. Lin, Y. R. Ma, One-dimensional metal-oxide nanostructures: recent developments in synthesis, characterization, and applications, Adv. Funct. Mater., 22 (2012) 3326-3370.

[4]   A.S. P. Tyagi, M. Tomar, V. Gupta, SnO assistido por catalisador de óxido metálico$_2$ filme fino baseado em SO_2 sensor de gás, Sensor Actuat B-Chem., 224 (2016) 282-289.

[5]   B.W.H. S. C. Lee, S. J. Lee, H. Y. Choi, S. Y. Kim, S. Y. Jung, D. Ragupathy, D. D. Lee, J. C. Kim, Um novo sensor de gás SO_2 de película espessa recuperável à base de óxido de estanho promovido com óxidos de magnésio e vanádio, Sensor Actuat B-Chem., 160

(2011) 13281334.

[6] N.M. Y. SHimizu, T. Hyodo, M. Egashira, Melhoria das propriedades de deteção de SO_2 de WO_3 por carga de metal nobre, Sensor Actuat B-Chem., 77 (2001) 35-40.

[7] FLQ Wang, J. Lin, G. Lu, Propriedades de deteção de gás de compósitos de óxidos de In-Sn sintetizados pelo método hidrotérmico, Sensor Actuat B-Chem, 234 (2016) 130-136.

[8] D.D.T. N. D. Khoang, N. V. Duy, N. D. Hoa, N. V. Hieu, Conceção de nanoestruturas hierárquicas de SnO2/ZnO para melhorar o desempenho da deteção de gás etanol, Sensor Actuat B-Chem, 171 (2012) 594-601.

[9] M.A.T. M. Fayazi, M. Afzali, A. Mostafavi, Fe O_{34} e MnO_2 montados em nanotubos de halloysite: Um extrator de fase sólida altamente eficiente para a deteção eletroquímica de iões de mercúrio (II), Sensor Actuat B-Chem, 228 (2016) 1-9.

[10] R.S. S. Samanta, CuCo O_{24} sensor eletroquímico económico baseado na deteção nanomolar de hidrazina e metol, J. Electroanal. Chem., 777 (2016) 48-57.

[11] S.S. M. B. Gumpu, U. M. Krishnan, J. B. B. Rayappan, Uma revisão sobre a deteção de gases pesados iões metálicos na água - Uma abordagem eletroquímica, Sensor Actuat B-Chem., 213   (2015)
515-533.

[12] N.D. G. Bhanjana, S. Chaudhary, K. Kim, S. Kumar, Deteção eletroquímica direta e robusta de arsénio utilizando nanocubos de zircónia, Analyst, 141 (2016) 4211-4218.

[13] C.G. Y. Wei, F. Meng, H. Li, L. Wang, J. Liu, X. Huang, SnO_2 /Óxido de grafeno reduzido para a deteção eletroquímica simultânea de cádmio(II), chumbo(II), cobre(II) e mercúrio(II): Uma interessante interferência mútua favorável, J. Phys. Chem. C, 116 (2012) 1034-1041.

[14] M.K. M. Wang, C. Guo, S. Fang, L. He, C. Jia, G. Zhang, B. Bai, W. Zong, Z. Zhang, Biossensor eletroquímico baseado em nanocristais de Cu/Cu2O e nanocompósito de óxido de grafeno reduzido para deteção sensível de ractopamina, Electrohim. Ata, 182 (2015) 668675.

[15] C.H. M. S. Buzzeo, R. G. Compton, Utilização de líquidos iónicos à temperatura ambiente na conceção de sensores de gás, Anal. Chem., 76 (2004) 4583-4588.

[16] X.Y. C. Gao, S. Xiong, J. Liu, X. Huang, Deteção eletroquímica de arsénio (III) completamente livre de metal nobre: Fe3O4 microesferas - composto líquido iónico à temperatura ambiente mostrando melhor desempenho do que o ouro, Anal. Chem., 85 (2013) 2673-2680.

[17] M. Hussain, S. Tariq, M. Ahmad, H. Sun, K. Maaz, G. Ali, S.Z. Hussain, M. Iqbal, S. Karim, A. Nisar, Ag/TiO_2 nanocompósito para aplicações ambientais e de deteção, Mater. Chem. Phys. 181 (2016) 194-203.

[18] A. K. M. Kafi, A. Chen, Um novo biossensor amperométrico para a deteção de nitrofenol. Talanta, 79 (2009) 97-102.

[19]   A. S. Adekunle, S. Lebogang, P.L. Gwala, T.P. Tsele, L.O. Olasunkanmi, F.O. Esther, D. Boikanyo, N. Mphuthi, J.A.O. Oyekunle, A.O. Ogunfowokan, E.E. Ebenso, Resposta eletroquímica de nitrito e óxido nítrico em nanopartículas de óxido de grafeno dopadas com azul da Prússia (PB) e Fe O_{23} nanopartículas. *RSC Adv.* 5 (2015) 27759-27774.

[20]   D. Huo, Q. Li, Y. Zhang, C. Hou, Y. Lei, Um sensor de pesticidas organofosforados altamente eficiente baseado num nanocompósito híbrido CuO-Nanowires-SWCNTs. *Sens. Actuators: B* 199 (2014) 410-417.

[21]   L. Wang, Z. Lou, R. Wang, T. Fei, T. Zhang, NiO decorado com PdO em forma de anel com estruturas lamelares e sua aplicação em sensor de gás. *Sens Actuators B* 171-172 (2012) 11801185.

VI. SENSORES AMBIENTAIS BASEADOS EM NANOMATERIAIS DE CARBONO

Os materiais carbonosos apresentam excelentes propriedades, tais como boa condutividade, elevada estabilidade, baixo custo, amplas janelas de potencial e fácil funcionalização da superfície [1]. Por conseguinte, têm sido amplamente concebidos e utilizados para várias aplicações electroanalíticas, em especial as famílias de materiais de carbono à escala nanométrica emergentes, *como os nanotubos de carbono (CNT), o grafeno e o carbono nano/mesoporoso*. As suas nanoestruturas permitem uma exposição favorável dos grupos de superfície para a ligação entre as moléculas do analito e o material de transdução, conduzindo a um desempenho notável na deteção de poluentes ambientais [2,3].

Nanotubos de carbono

Sendo um dos blocos de construção de nanomateriais mais comummente utilizados, os nanotubos de carbono ganharam uma atenção considerável desde a sua descoberta em 1991 [4, 5]. Os CNTs podem ser visualizados como tubos cilíndricos "enrolados" a partir de folhas de grafeno hibridizadas com sp^2 , apresentando uma resistência à tração 100 vezes superior à do aço, uma condutividade eléctrica semelhante à do cobre e uma excelente capacidade electrocatalítica. Classificam-se em dois tipos de nanotubos de carbono de parede simples (SWNTs) (Fig. VI.1) e nanotubos de carbono de parede múltipla (MWNTs), consoante o grafeno de camada única ou multicamada existente nas estruturas alveolares enroladas. Foram desenvolvidos vários métodos para preparar CNTs [6], incluindo a deposição química de vapor (CVD), a descarga de arco elétrico e a vaporização a laser. É de salientar que a CVD é o método de preparação comercial mais utilizado, resultando da decomposição térmica do vapor de hidrocarbonetos (por exemplo, metano) na presença de um catalisador metálico. A CVD é uma técnica simples, versátil e económica para o fabrico de CNTs, embora necessite de uma purificação cuidadosa do produto para remover os metais residuais.

Devido às propriedades únicas de grande área superficial, rápida transferência de carga, bem como à compatibilidade e ao efeito sinérgico com outros materiais de eléctrodos, foram desenvolvidos muitos sensores ambientais baseados em CNT, incluindo eléctrodos compósitos, pastas, películas e eléctrodos de CNT funcionalizados. Maduraiveeran *et al.* [7] apresentaram um elétrodo modificado com nanotubos de carbono de parede simples para a deteção selectiva e a determinação simultânea de compostos fenólicos tóxicos (catecol, *p-cresol* e *p-nitrofenol*), que estão amplamente presentes em sistemas aquosos e biológicos. Este sensor livre de mediadores apresentou uma elevada sensibilidade, boa reprodutibilidade e estabilidade.

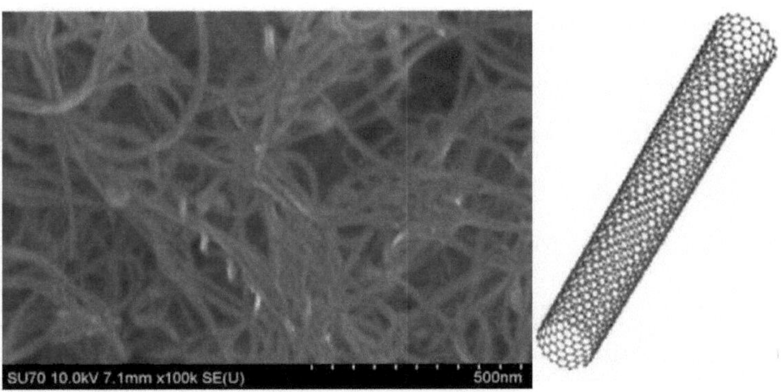

Fig. VI.1. Imagem SEM (esquerda) e esquema (direita) de SWCNT.

Curiosamente, Gooding *et al.* [8] demonstraram que o desempenho electroanalítico de SWNTs individuais é mais eficiente do que o dos MWNTs correspondentes. A taxa de transferência de electrões é largamente determinada pela quantidade de óxidos superficiais nos nanotubos que são expostos ao reagente. No caso dos eléctrodos à base de SWNT, o nanotubo de carbono funcionalizado com oxigénio está em contacto direto com a solução, o que resulta numa rápida transferência de electrões e numa excelente deteção eletroquímica. No entanto, as reacções com MWNTs foram realizadas predominantemente com nanotubos no estilo não orientado e as paredes laterais foram principalmente apresentadas à solução, frustrando o transporte de carga e a deteção.

A fim de melhorar ainda mais o desempenho eletroquímico, foram desenvolvidos muitos esforços na modificação e integração dos nanotubos de carbono. Zhao *et al.* [9] desenvolveram uma película de ácido poliamidosulfónico (PASA) modificada com MWNTs para a determinação de hidroquinona e catecol. Devido aos átomos de N electro-ricos e à elevada densidade de electrões -so3h na película de polímero, a corrente de resposta no elétrodo PASA/MWNTs/GC é quase duas vezes superior à soma das correntes de pico nos eléctrodos PASA/GC e MWNTs/GC. É indicado que a película composta de PASA/MWNTs pode atuar como um mediador eficiente para melhorar a cinética das reacções electroquímicas, resultante do efeito sinérgico entre o PASA e os MWNTs.

Grafeno

O grafeno é um nanomaterial bidimensional (2-D) emergente de folhas de carbono hibridizadas[2] montadas numa estrutura em favo de mel, resultando numa área de superfície extremamente elevada (teoricamente 2630 m g^{2-1} , quase o dobro da dos SWCNTs) [10, 11]. Além disso, é um semicondutor com um "band-gap" nulo, exibindo um efeito de campo elétrico ambipolar com elevada mobilidade dos portadores de carga (15 000 - 20 000 cm^2 /Vs). Além disso, o grafeno possui também características mecânicas e térmicas superiores. Obviamente, estas excelentes propriedades físico-químicas e eléctricas fazem do grafeno um candidato atraente para o fabrico de eléctrodos sensores electroquímicos.

O grafeno foi isolado *pela* primeira vez em 2004, *através de* uma esfoliação fácil com fita adesiva da grafite pirolítica altamente orientada (HOPG) [1]. Recentemente, foram desenvolvidos muitos processos de produção escaláveis, rentáveis e de elevado rendimento, tais como o rGO (método Hummers), a redução eletroquímica e a deposição química de vapor (CVD) [12, 13]. A Fig. VI.2 mostra as imagens SEM das nanofolhas de óxido de grafeno reduzido (rGO). Foi demonstrado que a esfoliação mecânica pode gerar grafeno com estruturas de planos basais, condutividades elevadas, mas actividades electroquímicas reduzidas, enquanto os métodos que envolvem oxidações e reduções químicas podem produzir uma atividade eletroquímica elevada devido ao aumento dos defeitos e dos grupos funcionais. Além disso, a inevitável contaminação metálica no método CVD pode contribuir para o comportamento eletroquímico do produto final, o que torna necessário um controlo rigoroso das espécies metálicas durante o processo de fabrico [14].

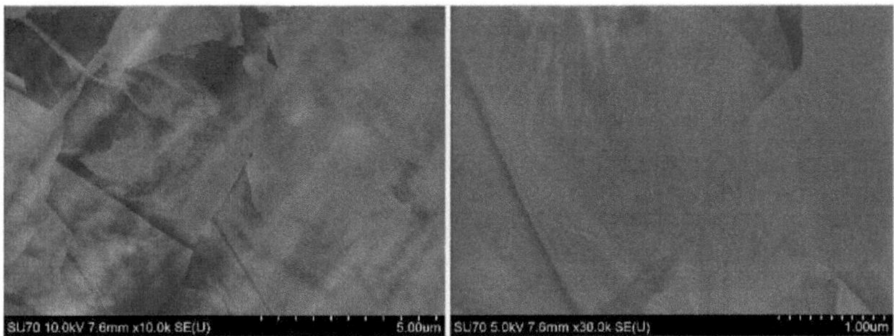

Fig. VI.2. Ampliação baixa (esquerda) e alta (direita) de imagens SEM de rGO.

Como já foi referido, a geometria e as propriedades electroquímicas do grafeno tornam-no um material de transdução ideal para a deteção ambiental. Goh *et al.* [15] desenvolveram eléctrodos à base de nanofitas de grafeno (Fig. VI.3) para a deteção eletroquímica sensível do explosivo 2, 4, 6-trinitrotolueno (TNT), que é uma "bomba-relógio" ambiental comum na água do mar. O limite de deteção do TNT na água do mar não tratada foi de 1 pg/mL. Luo *et al.* [16] relataram uma deteção electroanalítica conveniente da hidrazina e do nitrito cancerígenos através de um nanocompósito sinergético de grafeno-cobalto-hexacianoferrato, resultando na redução dos sobrepotenciais de oxidação e no aumento da resposta de corrente dos analitos-alvo. A plataforma analítica também foi bem demonstrada pela avaliação de amostras de água e alimentos em conserva, em que a recuperação média foi > 92,2%.

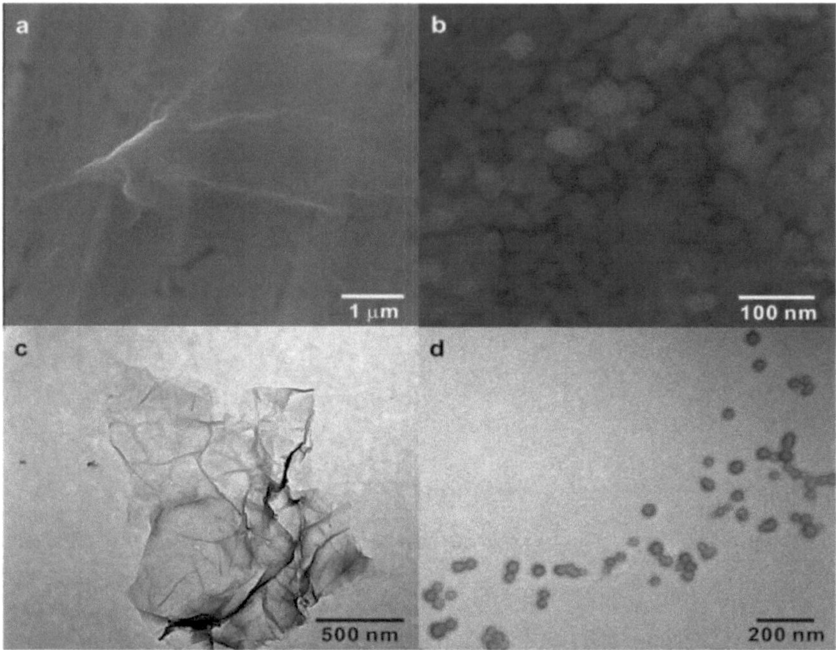

Fig. VI.3. Imagens SEM (em cima) e TEM (em baixo) do rGO eletroquímico (a & c) e das nanopartículas de hexacianoferrato de cobalto (b & d). (Reproduzido com permissão da Ref. [16]). © 2015 Elsevier

Além disso, os nanomateriais à base de grafeno também têm sido utilizados com êxito na monitorização de poluentes gasosos e contaminantes de metais pesados. Li *et al.* [17] fabricaram dispositivos à base de grafeno por dielectroforese de corrente alternada (ac-DEP) para a determinação do gás óxido nítrico (NO). O dispositivo preparado consiste nos canais sensíveis de rGO decorado com Pd (Pd-RGO) e nos eléctrodos de grafeno crescidos por deposição química de vapor (CVD). Como resultado, obteve-se uma deteção de NO altamente sensível, reutilizável e fiável que varia entre 2 e 420 ppb com um tempo de resposta de 700 s à temperatura ambiente. Dai *et al.* [18] desenvolveram um sensor eletroquímico baseado em polipirrol (PPy)/GO funcionalizado para a deteção de iões de metais pesados. Os nanocompósitos de PPy/GO foram fabricados por polimerização por oxidação química *in-*

situ e funcionalização eletrostática, apresentando uma elevada condutividade eletroquímica e um notável aumento de corrente em comparação com os eléctrodos modificados de PPy/GO e PA/GO. Este elétrodo modificado foi utilizado para medir o Cd^{2+} e o Pb^{2+} com uma vasta gama de trabalho linear de 5150 µg L^{-1} , como apresentado na Fig. V1.4.

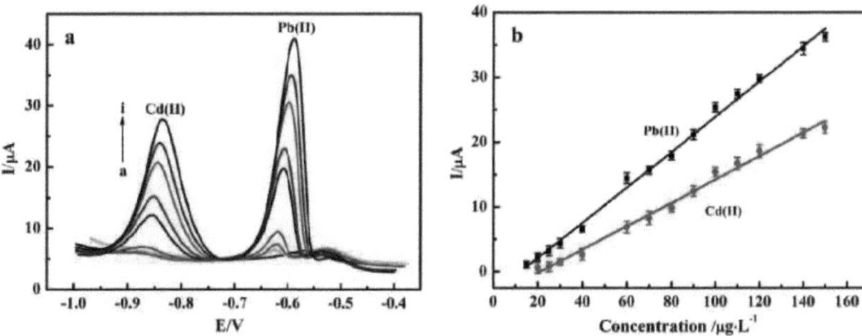

Fig. VI.4. (a) Comportamento eletroquímico e (b) gráficos de calibração correspondentes dos eléctrodos PA/ppy/GO para a deteção simultânea de Cd^{2+} e Pb^{2+} . (Reproduzido com permissão da Ref. [18]). © 2016 Elsevier

Carbono poroso

O carbono poroso com uma área de superfície elevada, uma química de superfície acessível e um caminho curto para a transferência de massa e de electrões tem atraído uma atenção considerável devido às suas aplicações promissoras em sensores electroquímicos [19]. De acordo com a recomendação da União Internacional de Química Pura e Aplicada (IUPAC), os materiais de carbono poroso podem ser agrupados em três classificações com base no tamanho dos poros: microporoso < 2 nm, 2 nm < mesoporoso < 50 nm e macroporoso > 50 nm [121]. Ma *et al.* [20,21] desenvolveram um sensor eletroquímico sensível para o nitrobenzeno (NB) com base em materiais de carbono macro/mesoporosos, que foram fabricados por pirólise do polímero líquido iónico([AEIm]BF4) (PIL) pré-embrulhado em microesferas de SiO2 e, em seguida, remoção do núcleo de sílica. A Fig. VI.5. mostra o esquema do conceito de várias abordagens de síntese de modelos. b) Materiais de carbono microporosos, c) mesoporosos e d) macroporosos e e) nanotubos de carbono foram sintetizados utilizando vários modelos, como zeólito, sílica mesoporosa, uma sílica opala sintética e uma membrana de AAO como modelos, respetivamente.

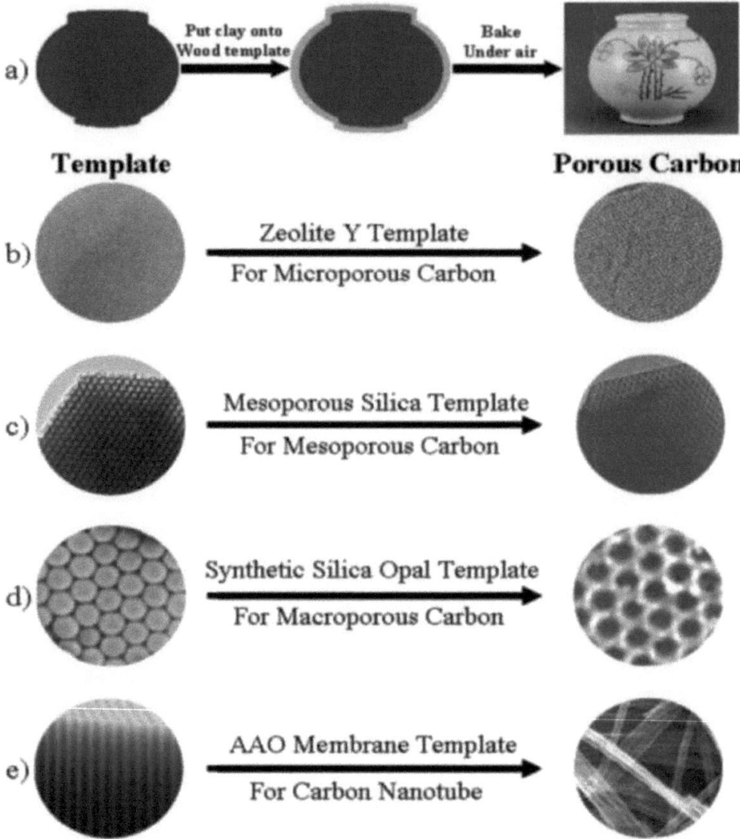

Fig. VI.5. Ilustração pictórica do conceito de síntese de modelos. b) Materiais de carbono microporosos, c) mesoporosos e d) macroporosos, e e) nanotubos de carbono foram sintetizados utilizando vários modelos. (Reproduzido com permissão da Ref. [20]). © 2006 WILEY-VCH

Devido à grande área de superfície específica e ao efeito de acumulação nesta estrutura porosa, o elétrodo modificado com MMPCM apresenta um desempenho analítico estável e reprodutível para a deteção de NB com uma gama de resposta linear de 0,2 - 40 µM e o limite de deteção de 8 nM. Niu *et al.* [22] apresentaram um nanocompósito de carbono poroso de bismuto baseado em eléctrodos impressos no ecrã (SPEs) para a deteção de metais pesados. O nanocompósito foi sintetizado através de um processo combinado de sol-gel e pirólise numa única fase, seguido de moagem até se obter uma distribuição específica do tamanho das partículas para a tinta de impressão serigráfica. Os eléctrodos resultantes foram aplicados com êxito na deteção de iões Pb^{2+} e Cd^{2+} a níveis de concentração inferiores a 4 ppb em água potável da torneira e em sistemas de águas residuais.

Fig. VI.6. Fabrico do elétrodo integrado 3D-KSCs/nanocompósito inorgânico. (Reproduzido com permissão da Ref. [23]). © 2014 Sociedade Americana de Química

Recentemente, o carbono poroso derivado da biomassa é de grande interesse porque pode ser facilmente preparado a partir da carbonização de precursores de baixo custo. Wang *et al.* [23] propuseram um carbono macroporoso tridimensional (3D) (3D-KSCs) derivado do caule do kenaf (KS) como um novo material de suporte para uma plataforma de deteção eletroquímica. O elétrodo nanocompósito integrado de nanopartículas de cobalto/3D-KSCs apresenta uma estrutura porosa em favo de mel em 3D, exibindo um bom desempenho electrocatalítico para a oxidação e deteção de aminoácidos. Por conseguinte, foi obtida uma gama linear de 0,10 a 18,60 mM com uma sensibilidade de 32,11pA cm^2 mM^1 e um baixo limite de deteção de 0,05 mM para o sensor de N-acetilcisteína, enquanto que foi obtida uma gama linear de 0,15 a 26,24 mM com uma sensibilidade de 42,24pA cm^2 mM^1 e um baixo limite de deteção de 0,02 mM para o sensor de cisteína.

Do mesmo modo, Veerakumar *et al.* [24] relataram a utilização de nanopartículas de paládio (NPs de Pd) em eléctrodos de carvão ativado poroso (CAPs) para a deteção de iões metálicos tóxicos.

Os CAPs foram obtidos a partir de resíduos de biomassa (cascas de fruta), possuindo propriedades texturais desejáveis e porosidades favoráveis para a dispersão uniforme de nanopartículas de Pd (ca. 3-4 nm). Os eléctrodos modificados com Pd/PAC apresentaram desempenhos superiores para a deteção individual e simultânea de iões de metais pesados tóxicos: Cd^{2+} , Pb^{2+} , Cu^{2+} e Hg^{2+} . A Tabela VI.1 mostra a lista resumida de sensores ambientais seleccionados baseados em nanomateriais semicondutores de óxidos metálicos.

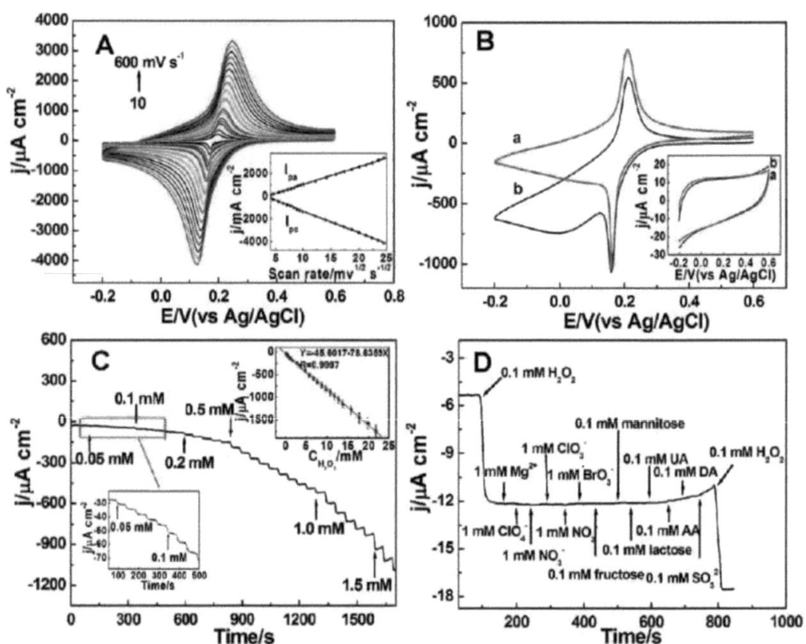

Fig. VI.7. (A) CVs do elétrodo PBNPs-3D-FKSCs a várias velocidades de varrimento. (B) CVs do elétrodo de PBNPs-3D-FKSCs e do elétrodo de 3D-FKSCs (inset) na (a) ausência e (b) presença de 3,0 mM de H2O2. (C) Resposta amperométrica do elétrodo de PBNPs-3D-FKSCs à adição sucessiva de H2O2 a -0,05 V. Inset: a curva de calibração. (D) Resposta amperométrica do elétrodo de PBNPs-3D-FKSCs a diferentes produtos químicos a -0,05 V. Eletrólito: em 0,05 M PB + 0,1M KCl (pH 6,0). (Reproduzido com permissão da Ref. [23]). © 2014 Sociedade Americana de Química

Tabela VI.1. Lista de sensores ambientais seleccionados baseados em nanomateriais de carbono.

Materials	Pollutants	Detection limit	Linear range	Ref
CNT-PSS/Bi	Pb(II)	0.2 nM	2.4 - 434 nM	[25]
	Cd(II)	0.18 nM	4.4 - 241 nM	
SWCNT	catechol	2.3 nM	0.1 -2 μM	[7]
MWCNTs@GONRs	1-aminopyrene	1.5 nM	8 - 500 nM	[26]
GQD-AuNPs	Hg(II)	0.02 nM	-	[27]
	Cu(II)	0.05 nM	-	
GONRs	TNT	4 μM	4 - 83 μM	[15]
Pd-rGO	NO	-	0.07-14 μM	[17]
DNA-GO	Hg(II)	0.12 nM	0.5 - 50 nM	[28]
PA/PPy/GO	Pb(II)	0.2 nM	24 - 724 nM	[18]
	Cd(II)	20 nM	4.4 - 1339 nM	
Macro/meso- carbon	nitrobenzene	8 nM	0.2 - 40 μM	[21]
Macroporous carbon	N-acetyl cysteine	0.05 mM	0.1 - 18.6 mM	[23]
	cysteine	0.02 mM	0.15 -26.24mM	

CNT: nanotubos de carbono, SWCNTs: nanotubos de carbono simples, MWCNTs: nanotubos de carbono de paredes múltiplas, GONRs: nanofitas de óxido de grafeno, GQD: pontos quânticos de grafeno, NPs: nanopartículas, rGO: óxido de grafeno reduzido, PA: ácido fítico.

Referências

[1]   S.Z. W. Zhang, R. Luque, S. Han, L. Hu, G. Xu, Desenvolvimento recente de materiais de eléctrodos de carbono e suas aplicações bioanalíticas e ambientais, Chem. Soc. Rev., 45 (2016) 715-752.

[2]   N.M.S. P. Ramnani, A. Mulchandani, biossensores electroquímicos baseados em nanomateriais de carbono para deteção de poluentes ambientais sem rótulos, Chemosphere, 143 (2016) 85-98.

[3]   C.M.A. Brett, Electrochemical sensors for environmental monitoring. Estratégia e exemplos, Pure Appl. Chem., 73 (2001) 1969-1977.

[4]   M. Trojanowica, Analytical applications of carbon nanotubes: a review, Trends Anal. Chem., 25 (2006) 480-489.

[5]   M.P. A. Merkoci, X. Llopis, B. Perez, M. del Valle, S. Alegret, New materials for electrochemical sensing VI: Carbon nanotubes, Trends Anal. Chem., 24 (2005) 826-838.

[6]   J.M. Y. Yan, Z. Yang, F. Xiao, H. B. Yang, B. Liu, Y. Yang, Catalisadores de nanotubos de carbono: avanços recentes em síntese, caraterização e aplicações, Chem. Soc. Rev., 44 (2015) 3295-3346.

[7]   T.L. M. Govindhan, B. Adhikari, A. Chen, Sensor Eletroquímico Baseado em Nanotubos de Carbono para a Deteção Simultânea de Poluentes Fenólicos, Electroanalysis, 27 (2015) 902-909.

[8]   J.J. Gooding, Nanostructuring electrodes with carbon nanotubes: A review on electrochemistry and applications for sensing, Electrochim. Ata, 50 (2005) 3049-3060.

[9]   X.Z. D. Zhao, L. Feng, L. Jia, S. Wang, Determinação simultânea de hidroquinona e catecol no elétrodo de carbono vítreo modificado por película composta PASA/MWNTs, Colloid. Surface B, 74 (2009) 317-321.

[10]   J.W. Y. Shao, H. Wu, J. Liu, I. A. Aksay, Y. Lin, Graphene based electrochemical sensors and biosensors: a review, Electroanalysis, 22 (2010) 1027-1036.

[11]   A.A. M. Pumera, A. Bonanni, E. L. K. Chng, H. L. Poh, Graphene for electrochemical sensing and biosensing, Trends Anal. Chem., 29 (2010) 954-965.

[12]   F.C.W. C.T.J. Low, M.H. Chakrabarti, M.A. Hashim, M.A. Hussain, Abordagens electroquímicas para a produção de flocos de grafeno e suas potenciais aplicações, Carbono, 54 (2013) 1-21.

[13]   A.M. G. Aragay, Aplicação de nanomateriais na deteção eletroquímica de metais pesados, Electrochim. Ata, 84 (2012) 49-61.

[14]   C.K.C. A Ambrosi, B. Khezri, Z. Sofer, R. D. Webster, M. Pumera, Chemically reduced graphene contains inherent metallic impurities present in parent natural and synthetic graphite, Proc. Natl. Acad. Sci. U. S. A., 109 (2012) 12899-12904.

[15]   M.P. M. S. Goh, Graphene-based electrochemical sensor for detection of 2,4,6- trinitrotoluene (TNT) in seawater: the comparison of single-, few-, and multilayer graphene nanoribbons and graphite microparticles, Anal. Bioanal. Chem., 399 (2011) 127-131.

[16]   J.P. X. Luo, K. Pan, Y. Yu, A. Zhong, S. Wei, J. Li, J. Shi, X. Li, Um sensor eletroquímico para hidrazina e nitrito baseado em nanocompósito de hexacianoferrato de grafeno-cobalto: para deteção de ambiente e alimentos, J. Electroanal. Chem., 745 (2015) 80-87.

[17]   X.G. W. Li, Y. Guo, J. Rong, Y. Gong, L. Wu, X. Zhang, P. Li, J. Xu, G. Cheng, M. Sun, L. Liu, Reduced graphene oxide electrically contacted graphene sensor for highly sensitive nitric oxide detection, ACS Nano, 5 (2011) 6955-6961.

[18]   N.W. H. Dai, D. Wang, H. Ma, M. Lin, Um sensor eletroquímico baseado em nanocompósitos de polipirrol/óxido de grafeno funcionalizados com ácido fítico para a determinação simultânea de Cd(II) e Pb(II), Chem. Eng. J., 299 (2016) 150-155.

[19]   K.C. Y. Yang, N. Burke, Porous carbon-supported catalysts for energy and environmental

applications: Uma breve revisão, Catal. Today, 178 (2011) 197-205.

[20]   J.K. J. Lee, T. Hyeon, Recent progress in the synthesis of porous carbon materials, Adv. Mater., 18 (2006) 2073-2094.

[21]   Y.Z. J. Ma, X. Zhang, G. Zhu, B. Liu, J. Chen, Sensitive electrochemical detection of nitrobenzene based on macro-/meso-porous carbon materials modified glassy carbon electrode, Talanta, 88 (2012) 696-700.

[22]   C.F.-S. P. Niu, M. Gich, C. Navarro-Hernandez, P. Fanjul-Bolado, A. Roig, elétrodos impressos em tela feitos de um nanocompósito de carbono poroso de nanopartículas de bismuto aplicado à determinação de iões de metais pesados, Microchim. Ata, 183 (2016) 617-623.

[23]   Q.Z. L. Wang, S. Chen, F. Xu, S. Chen, J. Jia, H. Tan, H. Hou, Y. Song, Sensoriamento eletroquímico e plataforma de biossensoriamento baseada em materiais de carbono macroporosos derivados de biomassa, Anal. Chem., 86 (2014) 1414-1421.

[24]   V.V. P. Veerakumar, S. Chen, R. Madhu, S. Liu, Carbono ativado poroso incorporado com nanopartículas de paládio: Deteção eletroquímica de iões metálicos tóxicos, ACS Appl. Mater. Interfaces, 8 (2016) 1319-1326.

[25]   J.L. X. Jia, E. Wang, Determinação de alta sensibilidade de chumbo(II) e cádmio(II) com base no elétrodo de filme compósito CNTs-PSS/Bi, Electroanalysis, 22 (2010) 1682-1687.

[26]   Y.Y. G. Zhu, Z. Han, K. Wang, X. Wu, Sensitive electrochemical sensing for polycyclic aromatic amines based on a novel core-shell multiwalled carbon nanotubes@ graphene oxide nanoribbons heterostructure, Anal. Chim. Ata, 845 (2014) 30-37.

[27]   S.J.E. S. L. Ting, A. Ananthanarayanan, K. C. Leong, P. Chen, nanopartículas de ouro funcionalizadas com pontos quânticos de grafeno para deteção eletroquímica sensível de íons de metais pesados, Electrochim. Ata, 172 (2015) 7-11.

[28]   R.X. M. Lu, X. Zhang, J. Niu, X. Zhang, Y. Wang, Nova forma de placa de deteção eletroquímica para monitorização quantitativa de Hg(II) em óxido de grafeno montado em ADN com reciclagem alvo, Biosens. Bioelectron, 85 (2016) 267-271.

VII. SENSORES AMBIENTAIS BASEADOS EM POLÍMEROS E BIO-NANOMATERIAIS

As plataformas de sensores electroquímicos e biossensores à base de polímeros e bio-nanomateriais oferecem uma sensibilidade melhorada com resposta rápida e seletividade devido às suas propriedades radiantes, eléctricas, catalíticas, mecânicas, térmicas e físicas [1]. Com o aumento da complexidade estrutural e funcional dos biomateriais poliméricos, é muito difícil prever as propriedades de deteção desejadas. A conceção e o desenvolvimento de plataformas de sensores electroquímicos para a deteção de poluentes ambientais emergentes com base em biomateriais poliméricos e bio-nanomateriais com funcionalidades e propriedades únicas podem ser atualmente realizados através da combinação de novos métodos analíticos e científicos, incluindo o rastreio combinatório e de elevado rendimento de materiais com micro e nanofabricação e microfluídica [2].

7.1. Nanomateriais poliméricos

Foram envidados esforços para o desenvolvimento de nanomateriais poliméricos, incluindo homo e copolímeros, materiais formulados, estruturas poliméricas com morfologia projectada e materiais de reconhecimento de formas moleculares para a deteção sensível de poluentes alimentares e ambientais [3]. Com propriedades únicas, os nanomateriais poliméricos proporcionam uma conjugação desejável em estratégias analíticas electroquímicas para a deteção e determinação de analitos químicos e biológicos tóxicos em gases ou líquidos para numerosas aplicações relacionadas com a saúde e o ambiente [4].

As plataformas de sensores baseadas em nanomateriais poliméricos têm apresentado várias propriedades, incluindo propriedades intrínsecas como a sensibilidade, a linearidade, a seletividade e a facilidade de fabrico a baixo custo. A formação de biomembranas auto-montadas, polímeros electropolimerizados (polímeros condutores, CPs) e nanomateriais poliméricos à base de dendrímeros tem motivado um extenso trabalho de investigação na conceção de plataformas de sensores. Para melhorar ainda mais as suas propriedades de deteção eletroquímica, foi também explorado o fabrico de nanocompósitos com nanopartículas metálicas, nanopartículas de óxidos metálicos, CNT (nanotubos de carbono) e grafeno [5, 6]. A Fig. VII.1 mostra a representação gráfica do fabrico de um biossensor eletroquímico baseado em nanocompósitos utilizando nanopartículas de Au revestidas com dendrões PANAM G-4 electropolimerizados. Ao realçar as importantes realizações na conceção de plataformas de sensores, a combinação das contribuições da matriz e do nanoenchimento é pronunciada para melhorar a biocompatibilidade, a excelente sensibilidade e a seletividade.

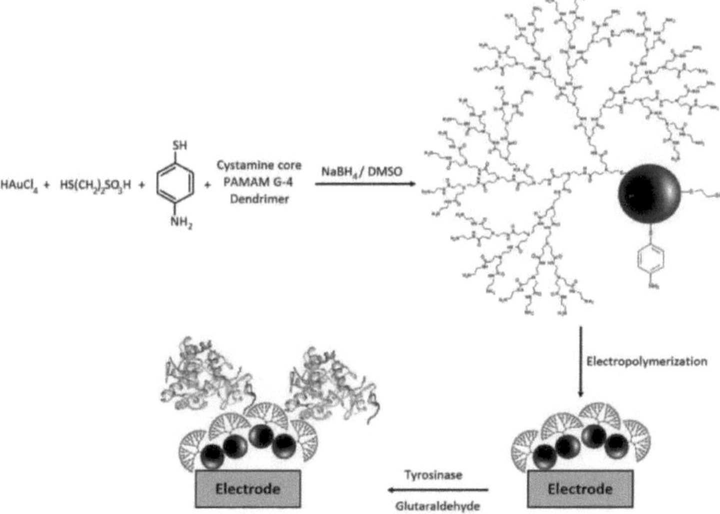

Fig. VII.1. Esquema para a preparação de um biossensor eletroquímico baseado em nanocompósitos constituídos por nanopartículas de Au revestidas com dendrões PANAM G-4 electropolimerizados. (Reproduzido com permissão da Ref. [5]). © 2012 The Royal Society of Chemistry

O nanohíbrido de nanofibras de polianilina (PANI) modificadas com bentonite foi utilizado para aplicação em sensores de gases tóxicos como a acetona, o benzeno, o etanol e o tolueno [7]. Verificou-se que a sensibilidade do sensor desenvolvido para os gases a analisar seguia a seguinte ordem: acetona > benzeno > tolueno > etanol. A seletividade do sensor desenvolvido foi atribuída a dois factores: (i) o efeito da pressão de vapor dos gases a analisar e (ii) as interacções dipolares e de nelectrões entre o nanohíbrido e os gases a analisar.

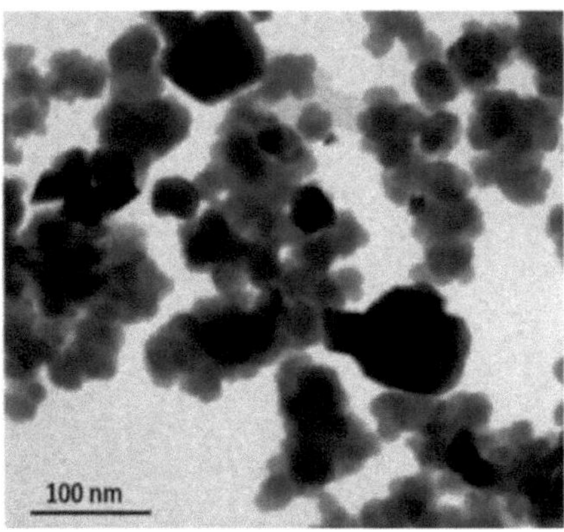 

Fig. VII.2. Imagem TEM (esquerda) e imagem SEM de secção transversal de película fina de nanocompósito de CSA. (Reproduzido com permissão da Ref. [8]). © 2014 The Royal Society of Chemistry

Navale *et al.* estudaram as propriedades de deteção de gás dos nanocompósitos de polipirrol (PPy)/a-Fe$_2$ O3 (Fig. VII.2) na presença de vários gases oxidantes (NO$_2$ e Cl$_2$) e redutores (CH$_3$ OH, C H$_{25}$ OH, H$_2$ S e NH$_3$) à temperatura ambiente [8]. Os sensores de gás desenvolvidos mostraram uma resposta rápida, estabilidade e tempos de recuperação mais curtos em comparação com o PPy puro, revelando as excelentes propriedades de deteção de gás à temperatura ambiente, que podem ser utilizadas como sensores de gás NO$_2$ selectivos de alto desempenho (Fig. VII.3). Recentemente, Lee *et al.* desenvolveram uma plataforma de deteção de hidrazina (N H$_{24}$) utilizando um elétrodo de óxido de índio e estanho (ITO) modificado com poli(dopamina) (*pDA*) [9]. A técnica CV foi utilizada para estudar a oxidação electrocatalítica de N H$_{24}$. O elétrodo de deteção à base de *pDA* actua como mediador da reação eletroquímica, que apresentou um bom desempenho na deteção de N H$_{24}$. O sensor preparado apresentou uma gama linear de 100 μM a 10 mM com um limite de deteção de 1 μM.

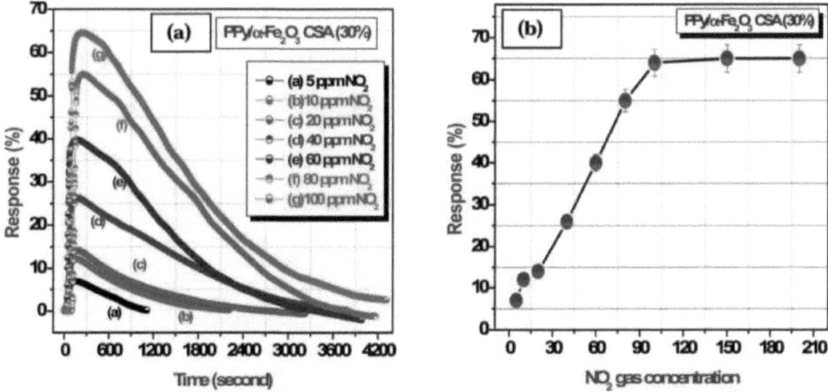

Fig. VII.3. Resposta de deteção de PPy/a-Fe$_2$ O3 dopado com 30% de CSA para concentrações variáveis de gás NO$_2$ (a) e gráfico da resposta de deteção e da concentração de gás NO$_2$ da película fina de PPy/a-Fe O$_{23}$ dopado com 30% de CSA. (Reproduzido com permissão da Ref. [8]). © 2014 The Royal Society of Chemistry

Os polímeros de impressão molecular (MIP) são um ramo dos nanomateriais poliméricos, que constituem uma abordagem eficaz para a deteção altamente selectiva de moléculas através de reconhecimento artificial. Trata-se de uma estratégia simples que permite aos químicos analíticos produzir polímeros sintéticos que apresentam uma elevada seletividade em relação a um modelo específico através de sítios de ligação não covalentes complementares. Esta baseia-se principalmente em interacções iónicas, hidrofóbicas ou de ligações de hidrogénio [10].

Os sensores electroquímicos baseados em MIPs podem ser utilizados para a deteção de uma vasta gama de analitos, incluindo fármacos, pesticidas, péptidos, açúcares, compostos orgânicos, vírus, eritrócitos e imunoglobulina. Os colaboradores de Pingarron criaram um biossensor baseado em nanocompósitos de rede electropolimerizada de dendrímeros de poliamidoamina revestidos com nanopartículas de Au para a deteção amperométrica de catecol em 0,1 M PB (pH 7,0) [5]. O biossensor preparado mostrou uma deteção de 20 nM com uma ampla gama linear de 50 nM - 10 μM. Além disso, o biossensor manteve-se estável durante 30 dias quando o sensor foi mantido a 4°C. Este facto pode ser atribuído à ligação multiponto mediada por glutaraldeído da enzima aos grupos amino primários na superfície das estruturas hiper ramificadas de poli(amidoamina) (PAMAM) que cobrem a rede de nanopartículas-polímeros de Au.

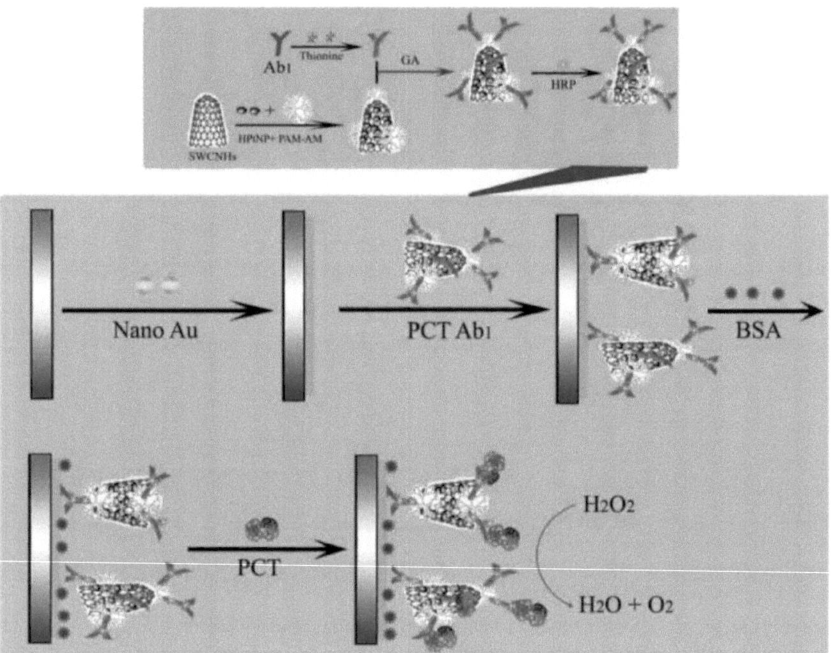

Fig. VII.4. Ilustração pictórica do processo de fabrico do biossensor eletroquímico. PCT: procalcitonina, Ab$_1$: anticorpo PCT, GA: glutaraldeído. (Reproduzido com permissão da Ref. [11]). © 2014 The Royal Society of Chemistry

Como apresentado na Fig. VII.4, foi desenvolvido outro imunossensor eletroquímico baseado na reação imunitária antigénio-anticorpo utilizando nanohorns de carbono de parede simples (SWCNHs)-nanosferas ocas de Pt/dendrímero para a procalcitonina (PCT) [11]. A combinação da elevada área de superfície específica dos SWCNHs e das nanopartículas de Pt cataliticamente activas foi incluída no biossensor. O dendrímero PAMAM foi utilizado para aumentar a quantidade do composto electroquimicamente ativo tionina imobilizado na superfície, o qual apresentava um núcleo de diamina e uma estrutura ramificada de amidoamina. Este biossensor apresentou uma elevada sensibilidade, estabilidade melhorada e seletividade ideal com uma resposta linear ampla de 10 pg mL^{-1} a 20 ng mL^{-1}. O limite de deteção foi de 1,74 pg ml.$^{-1}$, revelando que este imunossensor pode oferecer uma nova opção para o diagnóstico clínico de septicemia através da deteção de PCT.

Bio-Nanomateriais

A integração das biomoléculas com objectos à escala nanométrica proporciona numerosas plataformas que combinam as características dos nanomateriais e a função catalítica das biomoléculas. Uma nanoestrutura bem definida com biomateriais pode ser obtida através da auto-organização de moléculas biológicas. Estes bio-nanomateriais inspiram os investigadores analíticos para aplicações biomédicas e ambientais [12]. No desenvolvimento de plataformas avançadas de sensores electroquímicos, têm sido feitos grandes esforços com uma nova geração de compósitos de materiais nanoestruturados, que fazem emergir o campo dos sensores na fronteira entre a ciência dos materiais, as ciências da vida e a nanotecnologia.

Os bio-nanomateriais são constituídos por enzimas, anticorpos (antigénios) ou ADN e um polímero natural (biopolímero) em arranjo com uma parte inorgânica de, pelo menos, uma dimensão à escala nanométrica. Devido às suas propriedades únicas de reconhecimento, transporte, electrónicas e catalíticas, os bio-nanomateriais, tais como as proteínas/enzimas, os ácidos nucleicos e os biopolímeros, oferecem propriedades catalíticas e de reconhecimento altamente específicas. Os biomateriais que contêm biomoléculas possuem frequentemente estruturas macromoleculares atractivas em termos das suas propriedades únicas de reconhecimento, transporte, electrónicas e catalíticas. Foram desenvolvidas numerosas plataformas de sensores electroquímicos com base em bio-nanomateriais para a deteção de poluentes ambientais emergentes e aplicações de segurança alimentar [1, 13, 14].

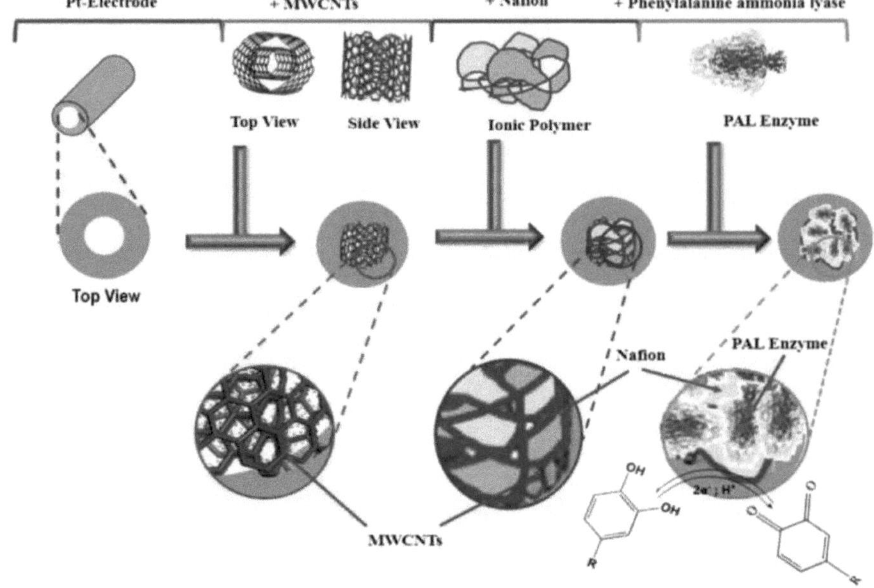

Fig. VII.5. Esquema do elétrodo de Pt modificado com PAL/Nafion/MWCNTs para a deteção de capsaicina. (Reproduzido com permissão da Ref. [13]). © 2016 Elsevier

Os colaboradores de Bisetty desenvolveram um biossensor eletroquímico para a capsaicina, extraída de frutos do bosque, utilizando um nanobiocomposto da enzima L-fenilalanina amónia-liase [13]. Nesta plataforma biossensora, o nanocompósito de MWNTs e a enzima fenilalanina amónia-liase imobilizada na superfície do elétrodo de Pt foi concebido como se mostra na Fig. VII.5. O biossensor estabelecido apresentou um limite de deteção baixo de 0,18 mg mL^{-1} . A interação da enzima PAL com o componente fenólico da capsaicina desempenha um papel vital no aumento da sensibilidade da plataforma do biossensor desenvolvido. Devido à sua elevada especificidade, capacidade de controlo, robustez e capacidade de funcionar numa vasta gama de temperaturas e condições, as plataformas de biossensores baseadas no ADN têm suscitado grande interesse nos domínios do ambiente e dos cuidados de saúde.

O emprego de biossensores baseados na hibridação ADN-ADN, no reconhecimento proteína-ADN, etc., foi desenvolvido para a análise de numerosos analitos-alvo. Por exemplo, recentemente, Wang *et al.* demonstraram uma plataforma sensível de biossensores electroquímicos baseada em nanopartículas de Au decoradas com albumina de soro bovino e rGO (Au NPs-BSA-rGO) para a deteção de Hg^{2+} [15]. Esta plataforma de sensor resultante apresentou um limite de deteção de 0,03 nM com uma vasta gama entre 0,1 e 130 nM.

A medição em tempo real da acetilcolinesterase (AChE) foi utilizada por Du & colaboradores através da reativação de uma pós-exposição, tendo em conta a variação inter ou intra-individual nos níveis normais de AChE para a deteção de venenos de pesticidas organofosforados (OPs) [16]. Como se mostra na Fig. VII.6, o fabrico de uma plataforma de sensores baseada em nanocompósitos de Fe O_{34} /Au NPs e o processo de dessorção eletroquímica oxidativa da tiocolina. A medição da atividade da AChE a partir de uma amostra exposta a OP e a medição paralela da atividade da AChE são ilustradas esquematicamente na Fig. VII.6. Este sensor de OP apresentou uma gama de concentração linear de 0,05 - 5 nM. Para aumentar a capacidade de adsorção, a estabilidade e a atividade de retenção dos bio-nanomateriais, a abordagem das monocamadas automontadas (SAM) é amplamente utilizada para funcionalizar a superfície do elétrodo. Por exemplo, com a formação da ligação amida, a reação pode ser realizada entre o grupo amino da proteína e o grupo succinimidilo reativo do 3-ditiobis-(sulfosuccinimidilpropionato) utilizando a formação de ligação covalente na superfície do elétrodo SAM.

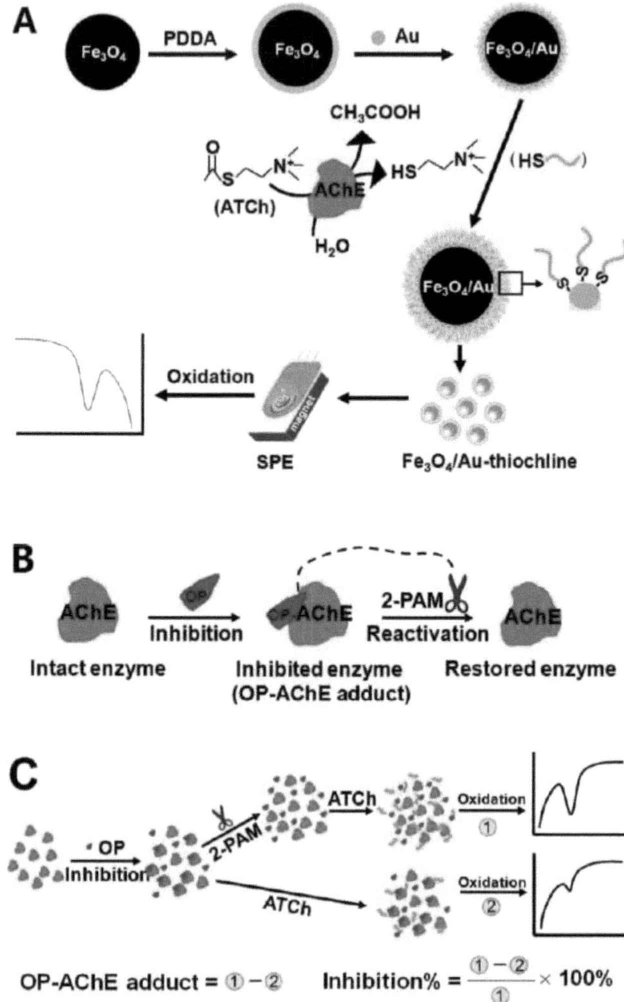

Fig. VII.1. A preparação dos nanocompósitos de Fe_3O_4/Au e o processo para a dessorção eletroquímica oxidativa da tiocolina (A), a medição da atividade da AChE através da reativação da amostra exposta a OP (B), a medição paralela da atividade da AChE na amostra pós-exposição com e sem reativação (C). (Reproduzido com permissão da Ref. [16]). © 2013 American Chemical Society

Na modificação do elétrodo com biomateriais, o curto tempo de auto-montagem com condições de reação suaves melhora o desempenho dos biossensores. Li *et al.* desenvolveram um imunosensor de impedância eletroquímica para a deteção de *Escherichia coli* O157:H7 com base na abordagem SAM [14]. O sinal da impedância pode ser alterado pela imobilização dos biomateriais na superfície dos microelectrodos interdigitados impressos (SPIMs). Este imunossensor desenvolvido apresentou um limite de deteção baixo de 10^1 cfu mL^{-1} e um intervalo linear de 10^2 a 10^7 cfu mL^{-1} . Este biossensor pode ser utilizado na análise da segurança alimentar, o que pode conduzir a métodos de biossensores portáteis para a monitorização de rotina de agentes patogénicos de origem alimentar. Como se mostra na Tabela VII.1, foram seleccionados sensores ambientais para a deteção de contaminantes químicos baseados em polímeros e bio-nanomateriais.

Tabela VII.1. Lista de sensores ambientais baseados em polímeros e bio-nanomateriais.

Materials	Pollutants	Detection limit	Linear range	Ref
DNA-GO	Hg(II)	0.12 nM	0.5 - 50 nM	[17]
PA/PPy/GO	Pb(II)	0.2 nM	24 - 724 nM	[18]
	Cd(II)	20 nM	4.4 - 1339 nM	
PANI-NF	VOCs	3 ppm	3.0 – 300 ppm	[7]
PPy/α-Fe$_2$O$_3$	NO$_2$	5 ppm	5 – 100 ppm	[8]
pDA	N$_2$H$_4$	1 µM	100 µM - 10 mM	[9]
		20 nM		
PAMM-Au	Catechol	1.74 pg mL^{-1}	50 nM - 10 µM	[5]
PAMAM-SWCNHs-Pt	PCT	0.18 mg mL^{-1}	10 pg - 20 ng mL^{-1}	
PAL/ MWCNTs	Capsaicin	0.03 nM	-	[13]
Au NPs-BSA-rGO	Hg^{2+}	0.05 nM	0.1 - 130 nM	[15]
Fe$_3$O$_4$/Au-AChE	OPs	10^1 cfu·mL^{-1}	0.05 - 5 nM	[16]
SPIMs-WGA	*E. coli*	-	10^2 - 10^7 cfu mL^{-1}	[14]

Referências

[1]   J. Yang, B. Dou, R. Yuan, Y. Xiang, ligação de proximidade e aptasensor integrado de amplificação cíclica de DNAzyme dependente de íons metálicos para deteção eletroquímica sensível e sem rótulo de trombina, Anal. Chem., 88 (2016) 8218-8223.

[2]   Z. Wang, W. Zhu, Y. Qiu, X. Yi, A. von dem Bussche, A. Kane, H. Gao, K. Koski, R. Hurt, Interacções biológicas e ambientais de nanomateriais bidimensionais emergentes, Chem. Soc. Rev., 45 (2016) 1750-1780.

[3]   M. Rother, M.G. Nussbaumer, K. Renggli, N. Bruns, Gaiolas de proteínas e polímeros sintéticos: uma simbiose frutífera para aplicações de entrega de medicamentos, bionanotecnologia e ciência dos materiais, Chem. Soc. Rev., 45 (2016) 6213-6249.

[4]   S. Rothemund, I. Teasdale, Preparação de polifosfazenos: uma revisão tutorial, Chem. Soc. Rev., 45 (2016) 5200-5215.

[5]   R. Villalonga, P. Diez, S. Casado, M. Eguilaz, P. Yanez-Sedeno, J.M. Pingarron, Rede electropolimerizada de nanopartículas de ouro revestidas com dendrões de poliamidoamina como nova superfície de elétrodo nanoestruturado para a construção de biossensores, Analyst, 137 (2012) 342-348.

[6]   H. Dai, N. Wang, D. Wang, H. Ma, M. Lin, Um sensor eletroquímico baseado em nanocompósitos de polipirrol/óxido de grafeno funcionalizados com ácido fítico para a determinação simultânea de Cd(II) e Pb(II), Chem. Engineer. J., 299 (2016) 150-155.

[7]   G.D.a.N.K. Sujata Pramanik, Preparação fácil de nanofibras de polianilina modificadas com bentonita nanohíbrida para aplicação em sensores de gás, RSC Adv., 3 (2013) 4574-4581.

[8]   G.D.K. S. T. Navale, M. A. Chougule e V. B. Patil, nanocompósitos híbridos PPy/a- Fe O_{23} dopados com ácido sulfónico de cânfora como sensores NO_2 , RSC Adv., 4 (2014) 2799828004.

[9]   J.Y. Lee, T.L. Nguyen, J.H. Park, B.K. Kim, Deteção eletroquímica de hidrazina utilizando eléctrodos modificados com poli(dopamina), Sensors, 16 (2016).

[10]   L. Chen, X. Wang, W. Lu, X. Wu, J. Li, Impressão molecular: perspectivas e aplicações, Chem. Soc. Rev., 45 (2016) 2137-2211.

[11]   G.X. Fei Liu, Xuemei Chen, Fukang Luo, Dongneng Jiang, Shaoguang Huang,   Yi Li e Xiaoyun Pu Uma nova estratégia de deteção da procalcitonina com base em multinanomateriais de   nano-chifres de carbono de parede simples/nanosferas ocas de Pt/PAMAM como marcadores de sinais, RSC Adv., 4 (2014) 13934-13940.

[12]   AM Wen, NF Steinmetz, Design de nanomateriais baseados em vírus para medicina, biotecnologia e energia, Chem. Soc. Rev., 45 (2016) 4074-4126.

[13]   M.I. Sabela, T. Mpanza, S. Kanchi, D. Sharma, K. Bisetty, Plataforma de deteção eletroquímica amplificada com um nanobiocomposto de enzima L-fenilalanina amónia-liase

para a deteção de capsaicina, Biosens. Bioelectron, 83 (2016) 45-53.

[14] Z. Li, Y. Fu, W. Fang, Y. Li, Imunossensor de impedância eletroquímica baseado em monocamadas auto-montadas para deteção rápida de Escherichia coli O157:H7 com amplificação de sinal usando Lectina, Sensores, 15 (2015) 19212-19224.

[15] H. Wang, Y. Zhang, H. Ma, X. Ren, Y. Wang, Y. Zhang, Q. Wei, Sonda eletroquímica de ADN para deteção de Hg(2+) com base num ADN de tripla hélice e numa estratégia de amplificação de sinal em várias fases, Biosens. Bioelectron, 86 (2016) 907-912.

[16] X. Ge, Y. Tao, A. Zhang, Y. Lin, D. Du, deteção eletroquímica de biomarcadores de dupla exposição de agentes organofosforados com base na reativação da colinesterase inibida, Anal. Chem., 85 (2013) 9686-9691.

[17] R.X. M. Lu, X. Zhang, J. Niu, X. Zhang, Y. Wang, Nova forma de placa de deteção eletroquímica para monitorização quantitativa de Hg(II) em óxido de grafeno montado em ADN com reciclagem alvo, Biosens. Bioelectrão, 85 (2016) 267-271

[18] N.W. H. Dai, D. Wang, H. Ma, M. Lin, Um sensor eletroquímico baseado em nanocompósitos de polipirrol/óxido de grafeno funcionalizados com ácido fítico para a determinação simultânea de Cd(II) e Pb(II), Chem. Eng. J., 299 (2016) 150-155.

VIII. RESUMO

O desenvolvimento de plataformas de sensores e biossensores electroquímicos baseados em nanomateriais para aplicações de monitorização ambiental e de segurança alimentar adquiriu uma importância significativa, em termos de novas funcionalidades, elevada sensibilidade e especificidade como plataforma de sensor robusta. A presente monografia apresenta uma breve panorâmica dos recentes avanços na conceção de plataformas de sensores e biossensores electroquímicos, que, graças às propriedades físico-químicas e electroquímicas únicas dos nanomateriais, permitem o desenvolvimento de aplicações avançadas. Uma lista de numerosas plataformas de sensores e biossensores electroquímicos baseados em nanomateriais para aplicações ambientais e de segurança alimentar discutidas na presente monografia está resumida no capítulo 3-7. O fabrico de sensores electroquímicos baseados em nanomateriais tem sido ilustrado nas últimas duas décadas devido às excepcionais propriedades intrigantes, à fácil funcionalização da superfície, à compatibilidade favorável, à elevada atividade eletroquímica, à grande massa e à propriedade de transferência de electrões dos nanomateriais. A conceção das interfaces nanométricas também proporcionou uma excelente plataforma para as excepcionais propriedades electrocatalíticas, melhorando a sensibilidade e a estabilidade da plataforma do sensor.

Devido aos avanços na síntese de nanomateriais, no fabrico de sensores, na integração e no ensaio de medições analíticas, a monitorização rápida e em linha de poluentes ambientais emergentes pode oferecer uma possível elucidação para o reconhecimento de sensores altamente sensíveis. Para além do desenvolvimento de sensores com elevada sensibilidade, resposta rápida e baixo custo, as medições analíticas directas dos sensores desenvolvidos nas indústrias comerciais de monitorização ambiental e alimentar são uma questão fundamental devido à falta de esforços combinados extensivos entre disciplinas multidisciplinares de ciência e engenharia. A tónica no desenvolvimento de dispositivos sensores ambientais para aplicações comerciais é altamente exigente para os cientistas em estratégias tecnológicas para enfrentar as questões de segurança da saúde ambiental. Espera-se que os avanços recorde no início da produção de dispositivos sensores baseados em nanomateriais sejam compreendidos para implementar as directivas correspondentes, a fim de proporcionar uma vida melhor à sociedade num futuro próximo, com um esforço contínuo de avanço.

I want morebooks!

Buy your books fast and straightforward online - at one of world's fastest growing online book stores! Environmentally sound due to Print-on-Demand technologies.

Buy your books online at
www.morebooks.shop

Compre os seus livros mais rápido e diretamente na internet, em uma das livrarias on-line com o maior crescimento no mundo! Produção que protege o meio ambiente através das tecnologias de impressão sob demanda.

Compre os seus livros on-line em
www.morebooks.shop

Printed by Books on Demand GmbH, Norderstedt / Germany